U0088456

創新發明
突破悶經濟

夏鑽禧 著

(1)如何做到廢核除碳？

(2)城市如何推廣自行車？

(3) LED 工業如何轉型？

前　　言

2013 年，台灣 GDP 保 2 無望；2014 年，台灣 GDP 保 3 近乎無望；回顧自 2002 年起，政府推動兩兆雙星；如今兩兆中的 DRAM 及面板，加上 LED 及太陽能光電板，合併稱為四大慘業！雙星中的生技製藥及數位內容，迄今仍難看出具體成效，台灣已完全陷入長期悶經濟！

目前，台灣需要蘋果(APPLE)式的創新，才能真正的打破悶經濟，近來已經推廣的鮭魚回流以及航空城、深層地熱以及離岸風機，以及廢耕農地種電等；統統都做不到。

所謂 APPLE 式的創新，係指從零開始，突破到一(這是最難的一步，也是最有價值的一步；可惜台灣以前做得太少，以致於台灣在國際貿易的專利使用費項目下，每年的逆差是 50 億美元！)，再從一突破到二、三、…。

本書第一章是台灣如何做到廢核除碳？答案是開發東南角領海上的海洋表面綠能特區。第二章是全世界的大都會區，如何能確實推廣自行車的使用？答案是開發以「伸縮式自行車」為基礎的綠色交通系統。第三章是四大慘業之一的 LED 工業如何轉型求生？答案是如何

配合氣功治療，以 LED(Light Emitting Diode)技術開發 RED(Radiation Emitting Diode)關節穴道微治療裝置。這三項產品都可能有蘋果式的突破，大幅增加台灣的 GDP。

自 2009 年出版「如何自行開發新型專利」後，筆者終於完成本書，希望能對打破當前悶經濟，有所幫助。

核能的存廢，使得全台灣動盪不安；迄今為止，政府或民間，從來沒有提出具體可行的整體方案，達到廢核除碳的目的。局部方案則是一大堆（例如：深層地熱、離岸風機及甲烷冰等）；用這些方案取代核能，都有太多的侷限性，在支出龐大的進口科技費用後，台灣根本連取代核能都做不到。政府的責任，不只是廢核，除碳其實更為重要。碳排放造成極端氣候，台灣已經是重災區。

核能看似便宜，但是核廢料的處理費用一向被嚴重低估，甚至於根本無處可放！地震頻繁的台灣，使用核能的風險奇高；300 年前，台北市由湖泊震成盆地，地震規模接近 9；太平洋週邊地區 300 年一大震的週期，在日本福島外海已經得到證明；2011 年 311 核災後，福島成了人間地獄，數百年難望恢復。2013 年，加拿大西端小島，發生 8.3 強震，被視為 9.0 巨震之前震。

雙北市近 600 萬人口，70% 以上的小市民與高科技業無關，只求安身保命而已！以日本福島核能的損失新台幣九兆以上，除以 600 萬居民總數；每一位小市民承擔的風險為新台幣 150 萬元。

　　另一方面，每一位雙北小市民，每個月最多也只是省下 500 元電費支出，40 年核電廠的使用生命，每一位小市民節省的能源支出，也不過是新台幣 24 萬元。為了得到這 24 萬，每一位小市民，必須承擔新台幣 150 萬的長期風險！核四對一般雙北市小市民來說，從來就是一場豪賭！

　　本書第一章，提出一個可行的方案，集合國內及國外的科技人才，開發以本土能源科技為主的東南角海洋表面綠能特區，一舉達成廢核除碳的目標。

　　包括雙北市在內的全世界各大都會區，多年以來一直傾力推廣自行車的使用，期望能大幅減少都會區內行駛車輛的數目，可惜效果一直未能提高。

　　丹麥的哥本哈根，是舉世聞名的自行車之都，也只能做到讓該都會區內所有居民的外出行程，有 37% 的自行車使用率，然後就停滯不前，無法繼續推動。

此問題的第一項基本障礙，是自行車太容易失竊；騎自行車出門，根本無法保證，回家時仍有車騎！第二項基本障礙，在於目前休閒為主、26吋輪徑的自行車的長度約170公分，寬度則為60公分，高度為100公分；平均一部自行車的停放面積約為1平方公尺土地、存放體積約為1立方公尺；每一平方公里自行車的總數如果超過一萬部，就會發生過度擁擠以致違規停車的熱點(Hot Spot)；同時，每一部車使用的停放面積及存放體積，又大幅度的限制了自行車與大眾交通系統的整合程度；第二項基本障礙的存在，大幅度的限制自行車的使用範圍(僅在住所附近五公里以內)，導致市民無法在合理的時間內到達偏遠的市區角落(溫哥華每一部公共汽車或者捷運車廂，只能攜帶一部到兩部自行車)。如果各國市政府不能以高科技解決這兩項障礙，大都會區居民出門，不可能超越哥本哈根的37%飽和值上限。

　　目前，只有筆者在「如何自行開發新型專利」一書中，特別提出研究的「伸縮式自行車」(可以僅使用0.25平方公尺的土地面積，停放一部裝在一個箱子(BOX)中的自行車，該BOX之內部體積為35公分x66公分x105公分=0.25立方公尺；同樣的Box，可以放進任何一部16英吋輪徑、20英吋輪徑、或26英吋輪徑的伸縮式自行車)。如果城市居民都使用該伸縮式自行車，再配合一個

綠色交通系統，就能夠具有突破此兩項基本障礙的能力；同時，可望能提高居民使用自行車的外出行程，佔居民所有外出行程總數的百分比，達到 74%，兩倍於哥本哈根目前水準，此為本書第二章的內容。

台北市政府於 2013 年 12 年 3 日宣佈，台北市將主辦 2016 全球自行車大會(Global Velo-city)，Global Velo-city 每年在不同城市主辦，討論主題一向是如何促進世界各大城市的市民，使用自行車為主要交通工具。該次大會以前，如果能以第二章提出的伸縮式自行車，配合第二章提出的綠色交通系統，解決台灣大學校本部(一平方公里 50,000 人口及 20,000 輛自行車)的自行車停車問題，必然是一個絕佳的促銷機會。

第三章係筆者於 2013 年 6 月很幸運的結織一位氣功大師，暫時解決了筆者 2012 年 5 月開始的不良於行的痛苦。2012 年 5 月，筆者在過十字路口時，由於搶紅燈，步行過速，一腳突然間膝蓋完全僵住，無法運動，以致於必須用另外一隻腳跳躍到安全島上，才免除車禍；其原因多半係血管阻塞或者是軟骨磨損，醫生建議換膝手術。筆者無意換膝，所以痛苦不堪！氣功大師用手一摸筆者的膝蓋，筆者痛苦立即減輕一半，隔兩天後再找大師，卻無進展！大師建議睡眠必須充足，始可能有改進。筆者三天連續好眠，痛苦竟然減少七成！

由於找大師協助並不容易，筆者必須自己另外想辦法。偶然中筆者的膝蓋被太陽一曬，膝蓋的感覺竟與大師施術相同！一週太陽曬下來，筆者痛苦大減九成。結論是太陽光中，某種波段的幅射(Radiation)照射，與氣功大師操作之功效，完全相同。

　　習知的 LED 是可見光區的波段，如果以 LED 相同的技術，用來開發有效波段的 RED(Radiation Emitting Diode，多半不在可見光區)，也大有可能達到醫療效果。目前已知有遠紅外線的治療方式，但是用 LED 技術，可以把 RED 做得更小，可以貼在患部使用，最終目的在於把 RED 殖入穴道，配合微電池，當更能解決關節痛苦的問題；殖入體內的微電池，可以用無線充電的方式保持電力。如此，可以把 LED 工業，轉型成全新的 RED 工業。雖然所有關節疼痛病人的治療有效機率只有 20%左右，RED 微醫療裝置仍然是一個無限大的未來市場。

夏鑽禧 敬啟 2013 年 12 月 31 日

歡迎以電郵信箱交換意見
電郵信箱：ralphshiah@shaw.ca

目　　錄

前言 ……………………………………………1

目錄 ……………………………………………7

第一章　台灣如何做到廢核除碳 ……………15

1.1 足夠供應全台灣所有能源需求的
　　海洋綠能特區 ……………………………16
　　1.1.1 海洋綠能特區之範圍 ………………16
　　1.1.2 海洋綠能特區之功能 ………………16
　　1.1.3 海洋綠能特區對
　　　　　台灣整體經濟的影響 ………………16
1.2 廢核除碳，開發台東及屏東的
　　海洋綠能特區 ……………………………17
　　「機械月刊」454 期短文
1.3 馬總統關於綠能的策略性指示 …………26

1.4 馬總統的開發綠能經濟策略⋯⋯⋯⋯⋯26

1.5 筆者向經濟部長提出開發綠能特區案⋯⋯27

1.6 能源局的回覆說明⋯⋯⋯⋯⋯⋯⋯⋯⋯27

1.7 筆者對能源局回覆意見的看法⋯⋯⋯⋯31

　1.7.1 能源局說明中有關 2020 年
　　　　台灣太陽光電開發的目標⋯⋯⋯⋯31

　1.7.2 德國於 2012 年 5 月 25 日，
　　　　已經做到的太陽光電目標⋯⋯⋯⋯31

　1.7.3 台灣與德國太陽光電的目標
　　　　比較⋯⋯⋯⋯⋯⋯⋯⋯⋯⋯⋯⋯31

　1.7.4 能源局的目標達成率⋯⋯⋯⋯⋯⋯32

　1.7.5 台灣與德國開發太陽光電的策略
　　　　比較⋯⋯⋯⋯⋯⋯⋯⋯⋯⋯⋯⋯32

1.8 行政院的其他綠能企劃⋯⋯⋯⋯⋯⋯⋯32

　1.8.1 離岸風機⋯⋯⋯⋯⋯⋯⋯⋯⋯⋯33

　1.8.2 深層地熱⋯⋯⋯⋯⋯⋯⋯⋯⋯⋯33

　1.8.3 地震威脅下的固定裝置⋯⋯⋯⋯⋯33

1.9 核四的風險財務評估⋯⋯⋯⋯⋯⋯⋯⋯34

　　從雙北市小市民的角度看，

核能電廠延役或續建的風險財務評估

1.10 世界上其他各國政府的應對措施………39

　　1.10.1 德國政府…………………………39

　　1.10.2 日本政府…………………………39

　　1.10.3 加拿大政府………………………39

1.11 行政院目前做法的重大風險……………40

1.12 筆者為開發台灣綠能所做的努力………41

　　附件一　發明專利 I408323 案核准專利

　　　　　　之公告…………………………43

　　附件二　專利 I408323 案之公開說明書…55

　　附件三　相同案件的大陸專利公告，

　　　　　　實用新型 ZL2010205484709 號…100

第二章

　　以伸縮式自行車為基礎的城市

　　綠色交通系統………………………………127

2.1 哥本哈根市的自行車使用率達到飽和…127

2.2 使用自行車的兩項基本障礙……………128

2.3 排除基本障礙的方法……………………129

  2.3.1 排除第一項基本障礙的傳統困難…129

  2.3.2 兩項基本障礙同時解決的策略……130

  2.3.3 伸縮式自行車最適合

    城市綠色交通……………………130

2.4 伸縮式自行車配合綠色交通系統解決所有障

礙……………………………………131

  2.4.1 綠色交通系統的結構……………132

  2.4.2 箱子的尺寸以及停放需要的面積與體

  積……………………………………133

  2.4.3 伸縮式自行車配合綠色交通系統的功

  效………………………………134

2.5 貨櫃化的推廣用途………………………135

2.6 台北市將主辦 2016 全球自行車大會…137

2.7 A real Green Transportation System…137

本節其餘內容係以英文說明

第三章

建議 LED 工業轉型生產 RED 微治療裝置……169

3.1 氣功大師的廣告……………………………169

3.2 筆者膝蓋的痛苦及成因………………………171

3.3 氣功大師的治療情況…………………………171

3.4 筆者的膝蓋疼痛分析…………………………172

3.5 筆者自己發現的治療方法……………………173

3.6 氣功治療並非人人都有效……………………174

3.7 筆者推測可能發生的基因激活狀態…175

3.8 LED 與 RED……………………………………175

3.9 建議 LED 工業開發 RED 微治療裝置產

品…………………………………………………176

3.10 全新的 RED 方向……………………………176

3.11 三種基本半導體的 IED ………………177

附錄⋯⋯⋯⋯⋯⋯⋯⋯⋯⋯⋯178

附錄 A：與「伸縮式自行車 B8」案有關的專利說
明書⋯⋯⋯⋯⋯⋯⋯⋯⋯⋯178
A1：M255206(B8) 伸縮式自行車⋯⋯⋯178
A2：M248709，伸縮式自行車主車架
之固定裝置1⋯⋯⋯⋯⋯⋯⋯207
A3：M340973，伸縮式自行車主車架
之固定裝置2⋯⋯⋯⋯⋯225
A4：M463228，伸縮式自行車主車架
之固定裝置3⋯⋯⋯⋯⋯244

附錄 B：到 2013 年 12 月為止，所有已經
公告的伸縮式自行車專利公告⋯⋯264

B1： 12511, 1972 年 7 月公告⋯⋯⋯264
B2： 22196, 1976 年 9 月公告⋯⋯⋯264
B3： 474303, 2002 年 1 月告⋯⋯⋯266
B4： 481141, 2002 年 3 月公告⋯⋯⋯270

B5： 481144, 2002 年 3 月公告⋯⋯⋯⋯276

B6： 566390, 2003 年 12 月公告⋯⋯⋯⋯280

B7： M241310, 2004 年 8 月公告⋯⋯⋯⋯289

B8： M255206, 2005 年 1 月公告⋯⋯⋯⋯299

B9： M255207, 2005 年 1 月公告⋯⋯⋯⋯311

B10：M255208, 2005 年 1 月公告⋯⋯⋯⋯317

B11：M262431, 2005 年 4 月公告⋯⋯⋯⋯324

B12：M274306, 2005 年 9 月公告⋯⋯⋯⋯332

B13：I291425, 2007 年 12 月公告⋯⋯⋯⋯339

B14：M351181, 2009 年 2 月公告⋯⋯⋯⋯349

B15：M408533, 2011 年 8 月公告⋯⋯⋯⋯355

B16：M413636, 2011 年 10 月公告⋯⋯⋯⋯360

B17：I352040, 2011 年 11 月公告⋯⋯⋯⋯364

補充資料 ⋯⋯⋯⋯⋯⋯⋯⋯⋯⋯⋯⋯⋯⋯ 376

2013 年 12 月 2 日，筆者把把本項「海洋綠能特區」開發計劃，呈送馬總統，經行政院轉經濟部轉能源局；

2013 年 12 月 27 日，經濟部再次以公函說明(如本書最後之 3 頁；376、377、及 378 頁)。

****** 筆者對經濟部回覆意見的看法 ⋯⋯⋯⋯⋯⋯⋯⋯379

如果要突破當前的悶經濟，只有靠創新。

目前，台灣需要<u>蘋果(APPLE)</u>式的創新，才能真正的打破悶經濟。

所謂 <u>APPLE</u> 式的創新，係指從零開始，突破到一(這是最難的一步，也是最有價值的一步；可惜台灣以前做得太少)，再從一突破到二、三、…。

常見的<u>橘子(Orange)</u>式，係從一開始，再二、三、…；這種開發，非常容易受到專利的困擾。

常見的代工模式則係<u>葡萄(Grape)</u>式；其他如<u>鳳梨(Pineapple)</u>式則屬中、下游各行各業的創新。

14

第一章

台灣如何做到廢核除碳

傳統能源原料（如媒、石油、天然氣等）資源貧乏的台灣，自產率只有 2%，其餘 98%，一向依賴進口。核能看似便宜，但是核廢料的處理費用一向被嚴重低估，甚至於根本無處可放！地震頻繁的台灣，使用核能的風險奇高；300 年前，台北市由湖泊震成盆地，地震規模接近 9；太平洋週邊地區 300 年一大震的週期，在日本福島外海已經得到證明；2011 年，311 核災後，福島成了人間地獄，數百年難望恢復。2013 年，加拿大西端小島，發生 8.3 強震。

2011 年，馬總統提出綠能政策，指示開發能源工程 (Energy Technology，ET)，以取代資訊工程(IT)。行政院自 2008 年起，使用各種補助及獎勵，開發綠能，可惜進展有限！地小人稠的台灣，根本不適合在土地上開發綠能，徒然與人民爭地。台灣東南角領海內，有一塊海洋綠能特區，該海洋綠能特區蘊藏著豐富的太陽能，足夠供應全台灣所有能源需求。

1.1 足夠供應全台灣所有能源需求的海洋綠能特區。

1.1.1 該海洋綠能特區之範圍：

    北界：台東市與綠島之連線；
    南界：蘭嶼與鵝鑾鼻之連線；
    西界：台灣東南角海岸線；
    東界：綠島與蘭嶼連線。

    該海洋綠能特區總面積超出四仟平方公里，全國只需其中兩仟伍佰平方公里，就能成為世界首創之零碳國。

1.1.2 該海洋綠能特區之功能：

    以光伏效應，把海洋表面的太陽能，轉換成電能。

1.1.3 該海洋綠能特區之整體經濟效果：

(1) 以後能源完全自主，不用進口(降至 0)。

(2) 超出國內需求之綠能外銷(如日、韓)。

(3) 全國 Macro Scale 總體綠能工業的產值，除了綠能以外，尚有世界最大的活水海魚養殖業、水資源大面積雨水搜集、整廠輸出(如星國)、以及觀光；總經濟效益足以使台灣的 GDP 至少乘 2。

1.2 廢核除碳，開發台東及屏東的海洋綠能特區。

以下 8 頁，是筆者發表於「機械月刊」454 期的廢核除碳短文(2013 年 5 月出版)。

廢核除碳，開發台東

及屏東外海的太陽能

夏鑽禧

「機械月刊」454 期
(2013 年 5 月出版)

全世界的所有大小國家，沒有一個不會全力的開發自己擁有的自然綠能。德國由於土地面積夠大，並且位於太陽能充沛的特別位置，一向努力、全國性普遍的開發太陽能，目前成效卓著。尼泊爾小國，土地都在山區崎嶇之地，則全力開發微型水力發電。台灣的平坦土地不到百分之三十，人口眾多，只有南端的台東及屏東位置，有合適的太陽能，可供發電。唯平坦的土地面積，實在有限；其他位置的太陽能，明顯不足；如果比照德國模式開發太陽能，只會空耗有限的國力，永遠不可能做到德國的成果；所以，台灣必須開發自己特有的能源，才能轉型成能源大國，外銷日、韓；台東及屏東外海提供一個獨特的海洋表面，充沛的太陽能源等待著開發；台灣有足夠的工業基礎，可以克服氣候上的困難狀況，完成轉型成能源大國的夢想；政府的決策方向，至為重要。

受日本三一一地震核災的影響，所有固定裝置(包括核能電廠、離岸風機、及深層地熱等)都變成高風險投資。

台電一貫的說法，就是廢核會造成台灣接近三分之一的工廠關門，嚴重打擊台灣經濟。但是，在 2020 年以後，如果含碳量太高，這些工廠必須支出額外成本，購買碳配額。這些工廠仍然會因沒有競爭力而關門，與廢核毫無關係。所以，目前首要之務，應該是除碳，減碳只是皮毛，除碳才是重點。台灣即使在 2025 年，綠能拼到消耗總能量的 16%，也只是減碳。仍然達不到廢核的標準要求。德國目前綠能已經超出 20%，如果不是日本核災，也不會考慮 2022 年以前廢核的問題。

台電指出，要取代核一、核二及核三產生的電能，台灣必須有 36,000 座，與高雄路竹太陽能電廠一樣規模及位置的太陽能電廠。查路竹電廠，建在平坦土地上，佔地約兩公頃，總發電量一百萬瓦(1 MW)，全廠包括 141 座具有最高能源轉換率的高聚光型太陽能模組(HCPV)，全部都配備必須分散安裝的自動追日裝置，所有太陽能模組的總面積約 6,900m2，34%的建蔽率大概到了飽和極限。如果要建造 36,000 座路竹電廠，最少需要 72,000 公頃(720km2)高雄以南的平坦土地。台灣南部不可能有這樣大面積的平坦土地，用來建造太陽能電廠。

同樣設備及發電量的台南柳營電廠，由於建蔽率限制在10%，就必須使用接近七公頃的土地。南部的山坡地及造林地，如果要用來開發太陽能，功率及成本，都遠遠比不上在平坦的土地上開發。台灣的太陽能分佈，自南向北，逐漸減少。台東及屏東南端的太陽能，全年平均每一天的日照時間是 5.4 小時。台南柳營，年平均每天日照只有 4.2 小時。大台北地區，有很多地方，年平均每天日照都在 3 小時以下，最差的甚至不到 2.5 小時。所以同樣的發電量，在北部需要更多的土地。這一段分析，有助於協助民眾瞭解，在台灣的陸地上不可能用太陽電能取代核能，民眾只能配合節能減碳運動。實際上，目前全台灣節能減碳一年，所能得到的電能，不夠台積電這一家公司使用一年！節能減碳，只有成就感而已，實際效果實在太有限。

台電也明確指出，在台灣如果要使用風能，完全取代核能，台灣必須找到合適的位置，安裝 12,000 台風機。多年來，在台灣西海岸所有合適的位置都用完後，台電只能安裝 162 台風機。風能位置的合適與否，主要是由該位置所在的地形來決定。台灣的地形，就是沒有那麼多合適的風能位置。

以上這兩點，說明台灣如果只是比照歐洲相同的綠能開發模式，能夠得到的綠能非常有限！台灣必須自己去找到獨特的綠色能源，才能趕上歐洲的綠能成果。

舉一個實例，北歐的丹麥，曾經全力開發核能多年，但是丹麥的科學家們，一直不能消除對核能使用、是否夠安全的疑慮，最後在 1985 年，丹麥國會立法限制核能的使用。「不安全的東西，不論花多少錢，趕快放棄」，這是丹麥先知的做法，值得台灣思考。

丹麥政府自 1985 年起，以增加汽油稅的方式，提供資金，發展丹麥特有的風能產業，成為世界上第一個傾國之力、開發風能的國家。丹麥的國土位於北緯 58 至 60 度之間，面積比台灣大 16%，人口不到台灣的四分之一。丹麥地形是向北方突出的半島，包括自北歐的波羅的海進入北大西洋的北海的狹窄海峽，是世界上風能資源最豐富的位置之一。丹麥雖然是小國，舉國之力仍是非同小可，成果也非常輝煌！丹麥的 VESTAS 一直都是世界上最大的風能發電系統的供應商、以及風能設備製造商，大幅度提高國民所得。另外，丹麥全國共養豬二千五百萬頭，提供沼氣發電為再生能源。目前，丹麥的綠能，大約佔全國消耗的總電能的 20%，已經接近風能及沼氣發電的上限。丹麥仍然必須開發出新的綠能，以配

合歐盟的規定。台灣豬隻總數，不到丹麥的三分之一，豬太多會有銷售的困難。所以，丹麥在 1985 年起，開發風能及沼氣為新綠能的模式，並不適用於台灣。

筆者提出以上這些分析的目的，是希望馬政府向前看，別的國家成功開發的新能源，未必能配合台灣的特有地形、以及台灣土地資源不足的先天困難。台電以往開發綠能的方向不正確，主要原因是跟著別國走，盲目學習，成果自然完全不能達到再生能源法的要求。日本三一一核災目前已惡化成最高的七級，核能如果不能廢除，更會把台灣人民陷入一個長期恐慌不安的精神狀態。台灣必須找到自己的新綠能方向，傾全國之力開發台東及屏東近海的海洋表面的太陽能，這項新能源與台灣南部土地上的太陽能同樣的豐富。以往，由於大國沒有需要，小國的電力決策人員看不到也想不到，所以到目前為止，世界上還沒有國家進行開發。這個正是丹麥開發風能的精髓所在，在別人沒有努力開發以前，全力突破，取得國際領先地位。台灣辛苦經營多年，目前已經有

足夠的工業基礎，可以成功的把台東及屏東近海的海洋表面的太陽能，轉換成電能，以電連接的方式，輸送到台東及屏東海岸上的接收站，再連上電網，提供全體台灣人民大量使用。一旦開發成功，更可以外銷新技術及

新能源產品。台灣長期以來，一直夢寐以求的工業轉型目標，是把高耗能、高污染、高耗水的三高工業，轉換成高盈利、高薪資、高技術的新三高工業，也有可能依這個方向達成。依這個新綠能工業產品的長久需求來看，新能源工業勢必取代目前的電子代工業，成為台灣的龍頭工業。開發海洋表面的太陽能，必須在海洋表面，建造大面積的浮體陣，浮體陣由大量的基本浮體組成，這些基本浮體的所有向外壁面都有適當的配對連接座，再使用大量的基本連接裝置、以及加強連接裝置，連接而成眾多的浮體陣。基本浮體及配對連接座的設計，必須配合特定位置的海洋表面的特性，絕不是一個同樣的浮體陣，可以使用於任何海洋表面。特定位置的海洋表面的特性是由該特定位置上方的氣候變化，以及該特定位置下方的海底洋流狀況來決定。例如屏東的太平洋東海岸的海洋表面，一定與屏東的台灣海峽西海岸的海洋表面不一樣。浮體陣與基本浮體的重要設計參數，也必須配合海洋表面的不同特性，做出調整。所以海洋表面的太陽能的開發，是一項長期的研發工作，必須由一個專業的研發團隊，日以繼夜，耗費鉅資的努力，才能在六年左右，建成第一座面積一平方公里，安全及穩定的浮體陣，勉強可以在核一除役前，達到量的目標。這些浮體陣內部的基本浮體的上方，以水平方向分別安裝薄

膜太陽能光電模組，把海洋表面的太陽能直接轉換成電能。這些薄膜太陽能光電模組，如果總面積達到11,000m2，同樣也可以得到路竹電廠的發電量，一百萬瓦(1 MW)。如果這些浮體陣的總面積，達3,000km2，就足以提供全台灣人民，所有的電能需求。當然，在開發浮體陣的同時，也必須全力配合，開發適當的電能儲存裝置，用以配合夜間、或者是沒有太陽光照射的白天時間的電能需求。如果一切目標圓滿達成，台灣不只是能夠做到廢核，更可以做到除碳的目標。如果再能更進一步，開發出全新的電能運輸船隊，新綠能就可以外銷到國際間的綠能市場。所以，開發台東及屏東外海的海洋表面的太陽能，只是一系列發明的第一步驟，配合電能儲存裝置及電能運輸船隊的開發，這一系列的發明，可望提供數以百萬計、全新的工作機會。這一系列發明提升經濟的效果，必然不會輸於現有的網路系列發明，徹底達成繁榮台灣經濟的目標。

開發海洋表面太陽能發電，初期的成本必然偏高。但是一旦達到量產，再加上碳配額及其他的非本業收入，可望逐步降低到低於目前台灣陸地上太陽能發電的成本。浮體陣表面收集的雨水，也可以用來灌溉農作物。另一方面，如果世界再面臨一次接近日本三一一的核災，沒

有國家會再有勇氣，繼續使用恐怖的核能發電。同時，原油日益消耗枯竭，每桶原油價格，遲早總是會衝破兩

百美元。那個時候，火力發電的成本，不會低於目前陸地上太陽能發電的成本。在這些狀況下，海洋表面的太陽能發電，必然成為台灣及世界上各小國的唯一選擇。地球表面，有接近四分之三的面積是海洋，總是有某些太陽能蘊藏量特別豐富的海洋表面位置，會成為世界各國競相爭取開發的目標。台東及屏東外海的海洋表面，有合適的陸上島嶼做為基地，同時又接近大量需要電能的消費人口，並且遠離主要航運路線，取之不盡、用之不竭的海洋表面太陽能的開發，早就應該是台灣政府開發新綠能的正確方向。盼望有一天，台灣能夠出口太陽電能到丹麥去，滿足丹麥的綠能需求。

(歡迎以電子郵件，交換意見。)

(電子郵件信箱 e-mail: ralphshiah@shaw.ca)。

1.3 馬總統關於綠能的策略性指示。

　　2011 年馬總統在就職三週年的治國週記中，提出台灣開發綠能的主張：

　　這不純粹是為了環境的考量，也是國家未來競爭力重要的策略！

　　馬總統說「台灣在資訊產業上舉足輕重，但如何從 IT（資訊科技）大國，變成 ET（Energy Technology，能源科技）大國，必須要訂出長期目標，因為台灣要成為綠能的輸出國」。

1.4 馬總統的開發綠能經濟策略。

　　馬總統的開發綠能經濟策略，大致上可以分成以下三點：

　　(1)達到台灣能源獨立，停止一切污染能源（如煤炭、天然氣、石油等）的進口，成為真正的綠色寶島；

　　(2)能源工業(ET)產生的 GDP，不小於目前以資訊科技(IT)為主，產生的 GDP；也就是能源

獨立後，台灣的 GDP，超出目前的兩倍！國
民所得加倍，趕上新加坡！及

(3)開創全新的綠能輸出工業，台灣成為綠能大
國。

1.5 筆者向經濟部長提出開發綠能特區案。

2013 年 9 月 23 日，筆者把本項「海洋綠能特區」開
發計劃，呈送經濟部張部長。

1.6 能源局的回覆說明。

2013 年 10 月 9 日，能源局以公函說明(如以下 3 頁；
28、29、及 30 頁)。

補充資料 ………………………………………376

2013 年 12 月 2 日，筆者把把本項「海洋綠能特區」開發
計劃，呈送馬總統，經行政院轉經濟部轉能源局；
2013 年 12 月 27 日，經濟部再次以公函說明(如本書最後
之 3 頁；376、377、及 378 頁)。
****** 筆者對經濟部回覆意見的看法 ………………379

經濟部能源局　函

地址：台北市復興北路2號12樓
承辦人：周東論
電話：(02)2775-7639
傳真：(02)2775-7728
電子信箱：tychou@moeaboe.gov.tw

受文者：夏纘禧君
發文日期：中華民國102年10月9日
發文字號：能技字第10200208190號
速別：普通件
密等及解密條件或保密期限：普通
附件：

主旨：台端所提「廢核除碳，開發臺東及屏東外海的太陽能」之建言
一案，復如說明，請 查照。

說明：

一、依據經濟部交下 台端102年9月23日致張部長信函辦理。

二、關於 台端所提「廢核除碳，開發臺東及屏東外海的太陽能」
建言，說明如下：

（一）日本福島核災後，政府為提高能源供應之穩定及安全，並提
高自主能源占比，已重新檢視能源政策。總統前於100年底「
能源政策」記者會中宣布全力推廣再生能源。經濟部配合擴
大推廣再生能源之政策，業已規劃風力及太陽光電等重點推
動計畫，在太陽光電推動部份，業經行政院於101年2月核定
「陽光屋頂百萬座計畫」據以推動，作為達成再生能源擴大
推廣主要政策之一，其策略為「先屋頂後地面」，於成本較
高之前期階段，以推動建築物應用為主，以達家戶普及設置
之目標，俟後期發電成本具競爭力後，再推廣於土地利用，
並以受污染農地等為考量優先許可之設置區域。預計至119年
，太陽光電目標裝置容量達3,100MW(MW：百萬瓦)。

（二）為帶動民間設置意願及擴大市場，能源局同時推動公部門出

租屋頂設置太陽光電發電系統，除建立典範，並促進地方產業發展，增加就業機會。目前已有高雄市、屏東縣、臺南市、雲林縣、臺東縣、新北市與嘉義縣，累計7縣市裝置容量預計達63.5MW。

(三)政府為鼓勵各直轄市、縣市結合在地社區特色，推動太陽光電陽光社區建置，於102年3月5日訂定「經濟部推動陽光社區補助要點」，提供縣市政府補助因群聚效果產生之併聯線路費用及宣傳費用，截至9月底，共計4案通過核定補助，合計771.2kW。

(四)為增加民眾設置太陽光電的誘因，開放屋頂型免競標至30kW，由原上限10kW(太陽光電設置面積接近30坪)提高至30kW(太陽光電設置面積接近90坪)，提升免競標上限，得以讓公寓大廈等較大屋頂面積建築物無須競標來設置太陽光電；另為讓設置太陽光電的住戶享有頂樓的設置空間，將免雜照申請條件由原2公尺以下，放寬至3公尺以下，可大幅的提升民眾設置意願。基於以上誘因，目前在臺灣設置太陽光電已有多件大廈案例，包含：台南天賜良緣大廈、台南安東庭園大廈等。

(五)為鼓勵設置太陽光電發電系統，經濟部依「再生能源發展條例」規定，推行再生能源電能躉購費率制度(Feed-in Tariff, FIT)，採固定價格、保證收購20年，提供合理利潤來增加設置誘因，至102年7月底，我國太陽光電發電累計設置量已達308.2 MW；另經濟部亦長期協助我國太陽光電產業發展，不僅著力於健全國內之產業環境，扶植國內上游原物料產業及設備產業之成長，亦藉由法人、業界、學界科(能)專之計畫支持，進行次世代太陽光電研究，以落實「技術紮根臺灣」之目標。

(六)有關 台端所提「開發臺東及屏東外海的太陽能」一節，考量於海洋表面設置太陽光電系統涉及漁業權、環境生態、船舶安全等諸多需克服之課題，且太陽光電於海面設置易受天候影響，除電力輸出不穩定外，後續運維亦是一大挑戰，如 台端欲進行相關開發，實需審慎評估；另經濟部工業局「標竿新產品創新研發輔導計畫」（電話：02-27044844，網址：http://outstanding.itnet.org.tw/)及技術處「經濟部小型企業創新研發計畫(SBIR)」（電話：0800-888968，網址：http://www.sbir.org.tw)針對業者於創新產品開發過程可提供相關協助，台端如有需求可逕洽暸解。

(七)此外，本局為加速國內太陽光電設置推展，前已成立「陽光屋頂百萬座計畫」推動辦公室，以有效協助太陽光電系統之設置建構並提供相關諮詢等服務（聯絡電話：02-87728861；網址：http://mrpv.org.tw），併提供 台端參考。

三、台端關切我國再生能源發展之熱忱，本局謹表敬佩。如尚有其他建言，請電洽本局承辦人周東諭先生（電話：02-27757639）

正本：夏鑽禧君
副本：抄陳本部部長辦公室

局長 歐 嘉 瑞

1.7 筆者對能源局回覆意見的看法。

1.7.1 能源局說明中有關台灣太陽光電開發的目標。

能源局的說明第1頁，二、之第(一)項：

行政院於民國 101(2012)年 2 月核定「陽光屋頂百
萬座計劃」據以推動；預計至民國 119 年，(2020)
太陽光電目標裝置容量達 3,100MW(MW:百萬瓦)。
也就是 3.1GW，(1GW=1000MW)。

1.7.2 德國於 2012 年 5 月 25 日，已經做到的太陽光電
目標。

查路透社報導，德國在 2012 年 5 月 25 日及 26
日正午，太陽光電的總發電量，已經到達
22GW！

1.7.3 台灣與德國太陽光電目標的比較。

所以，行政院的計劃，到 2020 年底，台灣的
太陽光電總發電量，只是德國 2012 年中的
14%(3.1GW/22GW)！

1.7.4 能源局的目標達成率。

能源局的說明第 2 頁第(五)項：

至民國 102 年(2013)7 月為止，能源局的太陽光電只有 0.308GW(308MW)，是 2020 目標的 10%，目標達成率只有大約 10%！行政院這樣的企劃，如何達到總統指示的策略性目標？

1.7.5 台灣與德國開發太陽光電策略的比較。

德國梅克爾總理，在眾多專家的質疑下，努力的貫徹德國在 2020 年的排碳量，降到 1990 年的 60%的策略性目標。

台灣的行政院，老神在在，似乎在努力的保持石化工業及推動核四，以及努力的進口地熱設備、離岸風機等，完全不考慮地震的嚴重災害！

1.8 行政院的其他綠能企劃。

1.8.1 離岸風機。

中國時報在民國 102 年 8 月 10 日 AA2 版報導，中鋼公司董事會宣佈將全力爭取 600 部雲林及苗栗外

海離岸風機(每一台風機新台幣 5 億)的工程，該總
值 3000 億誠與核四相同，如此計劃理應用於開發
馬總統的 ET（能源科技）。

1.8.2 深層地熱。

聯合報在民國 102（2013）年 4 月 8 日 A13 版報導，
台電、經濟部能源局、國科會主張以地熱、離岸風
機、甲烷冰做為替代核能，這些都只是 MicroScale
綠能方案；經濟部長年已經做了太多，其特徵在於
60%以上為進口科技，不可能外銷綠能，各大廠在
2020 以後，仍得購買碳配額，其整體功效，大致上
是把台灣目前的 GDP 打九折！

2013 年 11 月初，強烈颱風海燕重創菲律賓的深層
地熱設施。

1.8.3 地震威脅下的固定裝置。

不論核四的安檢報告如何結論，來自地下的風險根
本無法評估。9.0 強震下，沒有任何固定裝置能夠
安全，浮動裝置乃唯一可行之道，所以日本政府支
持開發浮動風能，台灣也唯有開發浮動太陽能。

1.9 核四的風險財務評估。

「從雙北市小市民的角度看，核能電廠延役或續建的風險財務評估」短文。

從雙北市小市民的角度看，

核能電廠延役或續建的風險財務評估

夏鑽禧

　　臺灣人民，尤其是大台北居民，必須依據各種已經發生過的核災狀況，分析該項核災的財務損失金額，比對於核能發電能夠提供的個人所得金額，所得到的風險管理財務評估，才是決定廢核與否的最重要因素。

　　筆者提出本文，說明核一、核二及核四，在相當於日本三一一核災的情況下的風險管理財務分析。有核的風險與無核的損失，清楚明白。核一、核二及核四附近八十公里以內的大台北地區，所有六百萬居民，如果能夠平安的享受核能的效益四十年，已經是蒼天太大的恩賜，應該早早獲利了結，實在不該再妄求核一或核二再延役二十年或者續建核四！風險管理的目的，在於預先企劃大災難的應變措施，台電有沒有考慮到，一旦發生核災，含輻射毒的大量廢水如何處理？是否也學習東京電力的處理模式，注入太平洋或台灣海峽，消滅台灣近海漁業？

台灣人民已經有了南投集集九二一大地震的慘痛經驗，該地震的規模為七點三。位於該地震之震央集集西邊六公里以外的名間地震測站，測得的東西向最大地動加速度，超出了地球的重力加速度（大於 1 g）！如果類似九二一地震規模的地震的震央，在核一或核二廠五公里以內，不論震央是在海底或陸上，今天日本三一一核災，早在民國八十八年就已經發生在大台北地區矣！有沒有海嘯都是同樣的結果。在核能機組的冷卻水管路，受不了地震衝擊而發生爆裂的狀況下，劇毒的輻射水大量噴出，主控室的所有工作人員倉惶逃命，三台或五台備用電源根本毫無差別，這也正是德國決定廢核的主要原因，核爐本身對來自地下斷層劇震的抗震能力，根本無法提升。海嘯只是把輻射毒擴散的範圍，更加擴大。九二一地震之震央離台北頗遠，大台北地區已經逃過一次核災大難，誰敢保證大台北地區的居民，下一次也能逃過？

這一次日本三一一核災的損失，依日本政府的保守估計，大約是新台幣九兆以上！核災大部份的損失，都會由居住在核電廠八十公里以內的所有居民承受。大台北地區的六百萬居民，能夠承擔這樣規模的損失嗎？在核災的傷害下，每一位居民，不分男女老幼、新出生或長期癱瘓失智者，都必需分攤新台幣一百五十萬以上的

損失，找誰去賠？大台北地區一般的居民，當然承擔不起。政府的累積負債，接近新台幣五兆。台電的資本額，也只有新台幣三千多億。政府與台電，能夠扛得起這樣重的責任嗎？

另一方面，有風險自然有報酬。每一位大台北地區的居民，得到的報酬，不過只是平均每一個月，少付新台幣五百元的電費而已！四十年累積下來，少付的電費總金額，只有新台幣二十四萬。以這樣的報酬，要求每一位大台北地區的居民，去承擔新台幣一百五十萬的風險，似乎太不合理！除非是掌控萬年國會的獨裁政權(他們立法台電可以不必負責人民的核災損失，國家賠償每位人民的核災損失不到新台幣二百元)，任何理性的現代化民選政府的領導人，都不應該引導人民去參加，更不應該鼓勵人民，再延續二十年或四十年，這種瘋狂的豪賭！以前沒有日本三一一核災，台電可以假裝不知道核災的損失，「可怕」到什麼程度。現在有了一個如此「可怕」的核災案例，「可怕」不再是抽象名詞。大台北地區的居民，可以清楚的瞭解到，萬一不幸，一場核災下來，人人傾家蕩產，所有銀行一律倒閉的嚴重後果。

核三廠在台灣的南端，屏東雖然人口不多，但是萬一核三碰到一場核災，每一位屏東居民的損失，恐怕會

遠超過大台北地區的每一位居民，在同樣災情下的損失。屏東的每一位居民，承擔如此重大的風險，四十年累積的報酬，也同樣只是新台幣二十四萬！

日本的福島核電一廠，如果不延役，今天的災難就不會這麼嚴重。東京電力公司雖然已經破產，但是仍然與 TOSHIBA 合作輸出核能設備給土耳其，他們的核安團隊的技術能力應該不會比目前的核四核安團隊差勁。所以核電基本上屬於一種無法預估損失災難，繼續使用與否敢不慎之！

1.10 世界上其他各國政府的應對措施。

1.10.1 德國政府。

在福島 311 核災前，德國政府是擁核；在福島 311 核災後，德國政府是反核。並且已經確定 2022 年廢核。

1.10.2 日本政府。

日本政府的因應之道，是在 2012 年，支持資金新台幣 47 億為開辦費，開發福島外海的浮動風能，以解除大地震的威脅及補足核電缺口。

2013 年 11 月 12 日，聯合報附送的紐約時報，已經報導了該項計劃的進度，日本政府的重點，在於培養全系列日本自製的零配件工業，在世界風力發電工業上搶佔先機。

1.10.3 加拿大政府。

2013 年，加拿大西端，也有了 8.3 的巨震得到證明，目前，加拿大的西部各級政府，一直在努力研究如何面對 9 級強震。

1.11 行政院目前做法的重大風險。

　　台灣約 98%的能源為進口，行政院似乎沒有任何意願，開發台灣南端的海洋表面的太陽能。這是台灣唯一可以大量開發，以供應台灣 100%需求的綠能！

　　太陽光也是一種礦產，開發必然得靠傾國之力。能源局似乎只會努力的推出一系列的補貼政策，在陸地上安裝，弄得到處可見，小市民及小廠商，人人歌功頌德；可惜陸地上的太陽能產量非常有限，不足以達到總統指示的策略性綠能開發方向；而且，完全忽略大地震對這些固定裝置的嚴重威脅。

　　查 300 年前，台北市經歷大地震，由湖泊變成了盆地，滄海桑田的週期，大致上也是 300 年；雙北市安裝了 3 個核電廠，完全不在意 9 級強震的破壞力，300 年也已接近矣!這亡國滅種的下場，行政院能夠輕忽嗎？

　　核四公投，除了花錢以外，根本毫無實際意義，政府有責任保護所有人民（包括雙北小市民）生命財產的安全；政府也有責任，儘快的把台灣開發、建設成真正的綠色寶島，不能只是靠各種補貼及採購計劃，弄出一大堆華而不實，經不起地震考驗的能源裝置。

德國自 2010 年起，停止對太陽能的補貼，仍然能夠向 2020 年的綠能目標前進。

行政院非常會玩數字遊戲，今天是 6%，明天是 14%；只是遊戲不論如何改變，補足核電缺口，卻是永遠做不到！

筆者的看法，行政院似乎有一套系統性的策略，把核四續建變成台灣的唯一選擇！

筆者非常奇怪，行政院為什麼不把所有的努力，用來貫澈馬總統的能源工程(ET)策略？東京電力倒閉，日本政府全額理賠，福島災民仍陷入人間地獄！台電依法不必對核災負責，政府依法每個核災的災民賠一點點，有這麼便宜嗎？

1.12 筆者為開發台灣綠能所做的努力。

筆者早於民國 99 年 9 月 29 日，提出「海洋表面光伏發電裝置」的發明專利申請，目前已取得發明專利，第 I408323 號

附件一是發明專利 I408323 案核准專利之公告。

附件二是該專利 I408323 案之公開說明書，

附件三是相同案件的大陸專利公告，實用新型
ZL2010205484709 號。

**補充資料 ···376

2013 年 12 月 2 日，筆者把把本項「海洋綠能特區」開發
計劃，呈送馬總統，經行政院轉經濟部轉能源局；
2013 年 12 月 27 日，經濟部再次以公函說明(如本書最後
之 3 頁；376、377、及 378 頁) 。
****** 筆者對經濟部回覆意見的看法 ·················379

附件一是發明專利 I408323 案核准專利之公告。

【19】中華民國　　　　　　　【12】專利公報　（B）

【11】證書號數：I408323
【45】公告日：中華民國 102 (2013) 年 09 月 11 日
【51】Int. Cl.：　　　F24J2/52　(2006.01)　　　B63B35/44　(2006.01)
　　　　　　　　　　H02N6/00　(2006.01)

　　　　　　　　　　　　　　　　　　　　　　　　發明　　　　全 12 頁

【54】名　　稱：使用於海洋表面的太陽能光伏發電裝置
TWO-DIMENSIONAL FLOATER ARRAYS FOR PHOTOVOLTAIC SOLAR
ENERGY COLLECTION FROM OCEAN

【21】申請案號：099132903　　　　【22】申請日：中華民國 99 (2010) 年 09 月 29 日
【11】公開編號：201213755　　　　【43】公開日期：中華民國 101 (2012) 年 04 月 01 日
【72】發明人：夏鑽禧 (TW)
【71】申請人：夏鑽禧

【56】參考文獻：
TW　　I329091　　　　　　　TW　　M314166
TW　　M351233　　　　　　　TW　　M376642
CN　　1657360A　　　　　　　CN　　201215928Y
審查人員：聶彬秀

[57]申請專利範圍

1. 一種使用於海洋表面的太陽能光伏發電裝置，包括由複數個基本浮體組成的浮體陣，其特徵在於：每個基本浮體的每一外壁面設有至少一個連接座，每兩個相鄰基本浮體之間通過配對連接座連接；該複數個基本浮體的配對連接座之間通過基本連接裝置連接成一個準備加強區；該複數個準備加強區之間通過加強連接裝置連接成該浮體陣；該加強連接裝置包括複數根加強桿和複數個轉角固定器；該浮體陣上方設有一工作迴路網，該浮體陣頂部設置複數個太陽能光電轉換模組。

2. 如申請專利範圍第 1 項所述之使用於海洋表面的太陽能光伏發電裝置，其基本浮體每一外壁面均設有至少一個連接座，每一連接座均設有一水平貫穿圓孔；兩個相鄰基本浮體的兩個相對應的連接座配對，該每組配對連接座的貫穿圓孔位於同一條水平線上；該基本連接裝置包括一個短柱軸和一個與該短柱軸配合的螺絲。該短柱軸穿入兩個相鄰基本浮體的配對連接座的貫穿圓孔內，該短柱軸一端為螺帽，另一端設有螺孔；該螺絲旋入該螺孔內，將上述兩個相鄰基本浮體連接起來，把所有相鄰配對的連接座連接，將複數個基本浮體連接成一準備加強區。

3. 如申請專利範圍第 2 項所述之使用於海洋表面的太陽能光伏發電裝置，其位於該準備加強區之任一週邊的複數個連接座的貫穿圓孔位於同一條水平線上；該位於同一條水平線上的複數個連接座的貫穿圓孔內穿入一根加強桿，該複數根加強桿之間通過轉角固定器連接，形成一個呈多邊形的加強區；該多邊形加強區的每一週邊設有一根加強桿，該多邊形加強區的每個角設有一個轉角固定器；兩個相鄰加強區的對應邊的連接座相互配對，共用一根加強桿；複數個相鄰加強區的對應角之間共用一個轉角固定器，將相鄰的準備加強區連接起來；再分別以該加強連接裝置，連接所有準備加強區，形成該浮體陣。

4. 如申請專利範圍第 3 項所述之使用於海洋表面的太陽能光伏發電裝置，其基本浮體每一外壁面均設有位於同一水平線上、或同一垂直線上，兩個或兩個以上連接座。

5. 如申請專利範圍第4項所述之使用於海洋表面的太陽能光伏發電裝置，其基本浮體每一外壁面均設有位於同一水平線上至少兩個連接座；該至少兩個連接座設有具有同一軸心線及同一直徑的水平貫穿圓孔，該軸心線在水平方向，且與所述外壁面平行；一中柱軸穿入兩個相鄰基本浮體之間同一水平線上的所有配對連接座的水平貫穿圓孔內，該中柱軸一端為螺帽，另一端設有螺孔，復以一螺絲螺入該螺孔內，將上述兩個相鄰基本浮體連接。

6. 如申請專利範圍第4項所述之使用於海洋表面的太陽能光伏發電裝置，其基本浮體的每一外壁面，在垂直方向均設有至少兩層連接座，每層連接座之間通過位於該層的加強桿連接，每層加強桿之間通過位於該層的轉角固定器連接；該相鄰兩層之所有轉角固定器，分別增設垂直方向、互相對應之固定座；位於相鄰兩層的所有轉角固定器的垂直方向、互相對應之固定座之間，分別增加一根垂直加強桿，連接固定，形成一個三維加強桿骨架結構。

7. 如申請專利範圍第1項所述之使用於海洋表面的太陽能光伏發電裝置，其基本浮體內部設有一個位於水位線上方的隔板，該隔板為一不透水的隔離層，該隔板與該基本浮體外部的水位線之間的該基本浮體內部的體積，不小於該隔板上方基本浮體內部的體積；該隔板上方設有一冷卻水管路，該冷卻水管路緊貼在該太陽能光電轉換模組的下方，該冷卻水管路一端為入水口，另一端為出水口。

8. 如申請專利範圍第1項所述之使用於海洋表面的太陽能光伏發電裝置，其基本浮體的俯視形狀為正方形、正三角形、長方形、菱形、平行四邊形、不等邊三角形、正六邊形、以及圓形中的任何一種；該俯視形狀為正六邊形、以及圓形的基本浮體組成的準備加強區僅包含一個基本浮體。

9. 如申請專利範圍第1項所述之使用於海洋表面的太陽能光伏發電裝置，其工作通路網內的基本浮體上方均鋪設平板，該工作通路網包括設在平板上的複數條人行道及車行道、複數個維修區以及複數個位於浮體陣邊緣的供電區，該複數供電區與設置在該浮體陣頂部的複數個太陽能光電轉換模組電連接。

圖式簡單說明

第一圖為本發明第一實施例的基本浮體組成加強區的示意圖，其中：

第一圖(A)為基本浮體的立體圖。

第一圖(B)為基本浮體之間的連接示意圖。

第一圖(C)為複數個基本浮體組成準備加強區的連接示意圖。

第一圖(D)為加強桿的結構示意圖。

第一圖(E)、(F)、(G)為三種轉角固定器的結構示意圖。

第一圖(H)為利用加強桿和轉角固定器對準備加強區完成加強連接後形成加強區的結構示意圖。

第一圖(I)為複數個加強區形成一浮體陣的示意圖。

第二圖為本發明第一實施例的基本浮體的改進形式及加強連接裝置的示意圖，其中：

第二圖(A)為基本浮體的一種改進形式的立體圖。

第二圖(B)為兩個相鄰基本浮體之間的連接示意圖。

第二圖(C)為兩個相鄰基本浮體之間的另一種基本連接示意圖。

第二圖(D)為基本浮體的垂直剖面圖。

第二圖(E)為太陽能光伏發電模組的下方底部示意圖。

第二圖(F)為基本浮體的另一種改進形式的立體圖。

第二圖(G)為由加強桿和轉角固定器組成的單層加強連接裝置。

第二圖(H)為由加強桿和轉角固定器組成的雙層加強連接裝置。

第二圖(I)為第二圖(F)的基本浮體的垂直剖面圖。

第二圖(J)為第二圖(F)中基本浮體組成的浮體陣的俯視圖

第二圖(K)為第二圖(J)中 n-n 連線的垂直剖視圖。

第二圖(L)為另一種基本浮體的結構示意圖。

第二圖(M)為第二圖(L)中基本浮體組成浮體陣的俯視圖。

第二圖(N)為第二圖(M)下方 m-m 連線的垂直剖視圖。

第三圖為本發明第二實施例的結構示意圖，其中：

第三圖(A)為三角形基本浮體組成加強區的示意圖。

第三圖(B)、(C)、(D)、(E)為四種轉角固定器的結構示意圖。

第四圖為本發明第三實施例的加強區的示意圖，其中：

第四圖(A)為該實施例的一種實現方式。

第四圖(B)為該實施例另一種實現方式，俯視形狀是正方形之基本浮體示意圖。

第四圖(C)為第四圖(B)的基本浮體之間的連接示意圖。

第五圖為本發明第四實施例的結構示意圖，其中：

第五圖(A)為平行四邊形基本浮體組成加強區的示意圖。

第五圖(B)、(C)、(D)、(E)為四種轉角固定器的結構示意圖。

第五圖(F)為該實施例的另一種實現方式。

第六圖為本發明第五實施例的結構示意圖，其中：

第六圖(A)為正六邊形基本浮體組成加強區的示意圖。

第六圖(B)為加強桿的結構示意圖。

第六圖(C)、(D)為兩種轉角固定器的結構示意圖。

第六圖(E)為由六個俯視形狀為三角形的基本浮體組成的準備加強區。

第六圖(F)為由三個俯視形狀為正菱形的基本浮體組成的準備加強區。

第七圖為本發明第六實施例的結構示意圖，其中：

第七圖(A)為圓形基本浮體的一種連接示意圖。

第七圖(B)為第七圖(A)中基本浮體的放大圖。

第七圖(C)為圓形基本浮體的另一種連接示意圖。

第七圖(D)為第七圖(C)中基本浮體的放大圖。

第七圖(E)為圓形基本浮體的另一種連接示意圖。

第七圖(F)為第七圖(E)中基本浮體的放大圖。

第八圖是習用能源站接收太陽能之裝置示意圖。

(4)

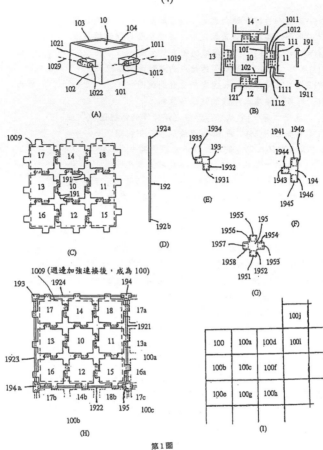

第1圖

46

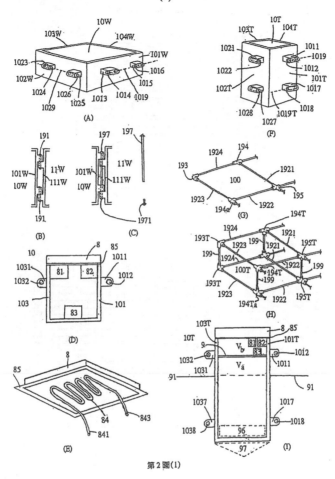

(A)

(F)

(B)

(C)

(G)

(D)

(H)

(E)

(I)

第 2 圖(1)

(6)

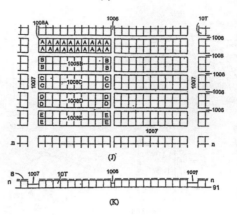

(J)

(K)

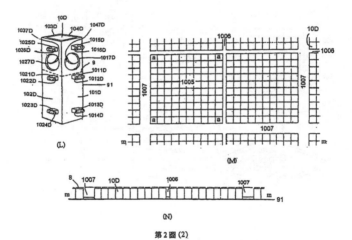

(L)

(M)

(N)

第2圖 (2)

48

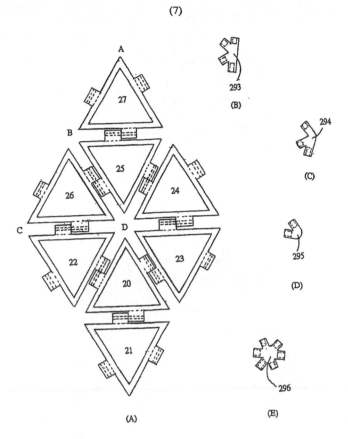

(A)

(B)

293

(C)

294

(D)

295

(E)

296

第 3 圖

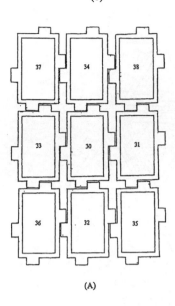

(A)

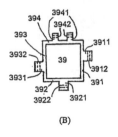

(B)

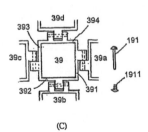

(C)

第 4 圖

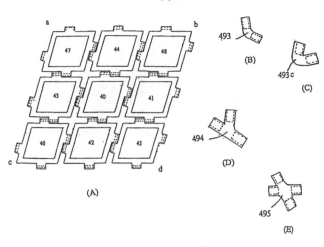

第 5 圖

51

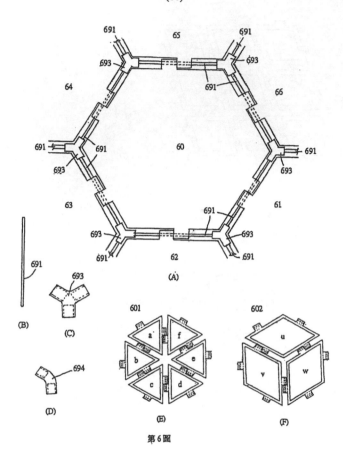

第6圖

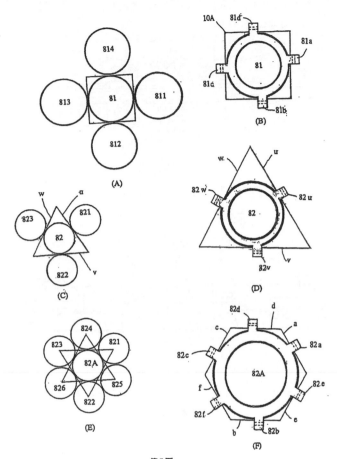

第7圖

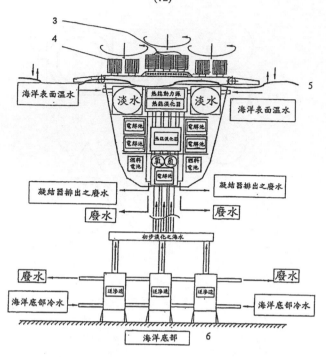

第 8 圖

附件二是該專利 I408323 案之公開說明書

408323

(19)中華民國智慧財產局

(12)發明說明書公告本　　(11)證書號數：TW I408323B1

(45)公告日：　中華民國 102 (2013) 年 09 月 11 日

---

(21)申請案號：099132903　　　　　　　　(22)申請日：　中華民國 99 (2010) 年 09 月 29 日

(51)Int. Cl.：　　F24J2/52　　(2006.01)　　　B63B35/44　　(2006.01)

　　　　　　　　　H02N6/00　　(2006.01)

(71)申請人：夏鑽禧 (中華民國)

(72)發明人：夏鑽禧

(56)參考文獻：

TW	I329091	TW	M314166
TW	M351233	TW	M376642
CN	1657360A	CN	201215928Y

審查人員：羅彬秀

申請專利範圍項數：9 項　　　圖式數：9

---

(54)名稱

使用於海洋表面的太陽能光伏發電裝置

TWO-DIMENSIONAL FLOATER ARRAYS FOR PHOTOVOLTAIC SOLAR ENERGY COLLECTION FROM OCEAN

(57)摘要

　　本發明係一種使用於海洋表面的太陽能光伏發電裝置，其特徵在於每個基本浮體的每一外壁面設有至少一個連接座，每兩個相鄰基本浮體之間通過連接座配對連接，複數個基本浮體的配對連接座之間通過基本連接裝置連接成一個準備加強區，複數個準備加強區之間通過加強連接裝置連接成一浮體陣，該浮體陣上方設有一工作通路網，該浮體陣頂部設置複數個太陽能光伏發電模組；本發明可以使用在地球上任何海洋湖泊表面，將表面的太陽光能轉換成電能，該浮體陣的俯視面積可以達到數百平方公里以上，因此能夠生產大量能源。

　　Two-dimensional arrays of floaters are used to support photovoltaic solar cell modules on the ocean surface, for direct conversion of solar radiation into electricity. Means are provided to join desired number of individual floaters together, and for retaining the arrays in place. The gross area of the arrays can be well over hundreds of square kilometers, and it becomes possible to collect huge amount of electricity directly from the sun for human consumption.

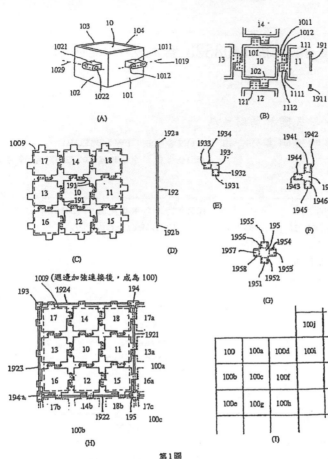

第1圖

10,11,12,13,14···
俯視形狀為正方形之
基本浮體
15,16,17,18,13a,
16a···俯視形狀為
正方形之基本浮體
17a,14b,18b,
17c···俯視形狀為
正方形之基本浮體
101,102,103,104,111,1
21···基本浮體之
外壁面
1011,1021,1111··
·基本浮體之外壁面
之連接座
1012,1022,1112··
·貫穿圓孔
191···短柱軸
1009···準備加強
區
1911···螺帽
192,1921,1922,1923,1
924···加強桿
192a,192b···加強
桿之兩端
193,194,194a,
195···轉角固定器
1931,1933,1941,1943,
1945···轉角固定
器之固定座
1951,1953,1955,1957
···轉角固定器之
固定座
1932,1934,1942,1944,
1946···固定螺絲
1952,1954,1956,1958
···固定螺絲
100,100a,100b,100c,
100d,100e···加強
區
100f,100g,100h,100i,
100j···加強區

408323

發明專利說明書　公告本

（本說明書格式、順序，請勿任意更動，※記號部分請勿填寫）

※ 申請案號：9P132P03

※ 申請日：99. 9. 29　　※IPC 分類：F24J 2/52 (2006.01)　B63B 35/44 (2006.01)　H02N 6/00

(2006.01)

一、發明名稱：（中文/英文）

使用於海洋表面的太陽能光伏發電裝置

TWO-DIMENSIONAL FLOATER ARRAYS FOR PHOTOVOLTAIC SOLAR ENERGY COLLECTION FROM OCEAN

二、中文發明摘要：

　　本發明係一種使用於海洋表面的太陽能光伏發電裝置，其特徵在於每個基本浮體的每一外壁面設有至少一個連接座，每兩個相鄰基本浮體之間通過連接座配對連接，複數個基本浮體的配對連接座之間通過基本連接裝置連接成一個準備加強區，複數個準備加強區之間通過加強連接裝置連接成一浮體陣，該浮體陣上方設有一工作通路網，該浮體陣頂部設置複數個太陽能光伏發電模組；本發明可以使用在地球上任何海洋湖泊表面，將表面的太陽光能轉換成電能，該浮體陣的俯視面積可以達到數百平方公里以上，因此能夠生產大量能源。

三、英文發明摘要：

Two-dimensional arrays of floaters are used to support photovoltaic solar cell modules on the ocean surface, for direct conversion of solar radiation into electricity. Means are provided to join desired number of individual floaters together, and for retaining the arrays in place. The gross area of the arrays can be well over hundreds of square kilometers, and it becomes possible to collect huge amount of electricity directly from the sun for human consumption.

四、指定代表圖：

(一)本案指定代表圖為：第（ 一 ）圖。

(二)本代表圖之元件符號簡單說明：

10,11,12,13,14　俯視形狀為正方形之基本浮體

15,16,17,18,13a,16a　俯視形狀為正方形之基本浮體

17a,14b,18b,17c　俯視形狀為正方形之基本浮體

101,102,103,104,111,121　基本浮體之外壁面

1011,1021,1111　基本浮體之外壁面之連接座

1012,1022,1112　貫穿圓孔　　191　短柱軸

1009　準備加強區　　　　　　1911　螺帽

192,1921,1922,1923,1924　加強桿

192a,192b　加強桿之兩端

193,194,194a,195　轉角固定器

1931,1933,1941,1943,1945　轉角固定器之固定座

1951,1953,1955,1957　轉角固定器之固定座

1932,1934,1942,1944,1946　固定螺絲

1952,1954,1956,1958　固定螺絲

100,100a,100b,100c,100d,100e　加強區

100f,100g,100h,100i,100j　加強區

五、本案若有化學式時，請揭示最能顯示發明特徵的化學式：

六、發明說明：

【發明所屬之技術領域】

本發明涉及太陽能發電領域,係一種在大面積海洋表面,設置複數個太陽能光伏發電模組的太陽能光伏發電裝置。

【先前技術】

習用的在海洋表面,把太陽光能轉換成電能的裝置,如2000年公告的美國專利第6,100,600號,該專利提出一種海洋能源站,如第8圖所示;該能源站的底部,係固定在800公尺到1000公尺深的海底海床6上;該能源站的頂部是一平台,露出海面,該平台上裝設複數組習知陸地上使用的太陽能光電模組3、4,該複數組太陽能光電模組3、4係使用習知的光伏效應(Photovoltaic Effect),直接把太陽光的光能轉換成電能。該能源站主要係以海洋溫差及海浪之動能發電,並以海底之海水壓力淡化海水;由於該海面平台的頂部,面積相當有限,所以光伏效應所產生之電能,在該能源站產生之總能量中,只佔有微小的百分比。該太陽能光電模組3、4之接收太陽光面之方向,係依據該能源站所在位置之緯度向赤道傾斜(北半球向南、南半球向北),以便吸收最大量的太陽光。同樣的原理,也可以使用於本發明的裝置,在中緯度或高緯度的海洋表面的位置的狀況;除了向赤道傾斜外,該太陽能光電模組3、4並且可以對該通過該太陽能光電模組3、4之中心點的垂直軸心線,作東西向之旋轉,以配合日出及日落,得到最大量的太陽光。除了以上該習用能源站以外;另外,習用的人工島表面上,也可以大量安裝習用之太陽能光電模組;唯這些習用的能源站及人工島的造價高昂,不符合純太陽能光伏發電裝置的經濟效益。

【發明內容】

本發明的目的是提供一種使用於海洋表面的太陽能光伏發電裝置。

為了實現上述目的,本發明的技術方案是:一種使用於海洋表面的太陽能光伏發電裝置,包括由複數個基本浮體組成的浮體陣,其特徵在於:每個基本浮體的每一外壁面設有至少一個連接座,每兩個相鄰基本浮體之間通過連接座連接,組成一浮體陣;該浮體陣上方設有一工作通路網,該浮體陣頂部設置複數個太陽能光伏發電模組;該複數個基本浮體的配對連接座之間通過基本連接裝置連接成一個準備加強區,該複數個準備加強區之間通過加強連接裝置連接成一浮體陣;該基本浮體每一外壁面均設有至少一個連接座,每一連接座均設有一水平貫穿圓孔,兩個相鄰基本浮體的兩個相對應的連接座配對;該每組配對連接座的兩個貫穿圓孔的軸心線位於同一條水平直線上;該基本連接裝置包括一個短柱軸和一個與之配合的螺絲,該短柱軸穿入兩個相鄰基本浮體的配對連接座的貫穿圓孔內;該短柱軸一端為螺帽,另一端設有螺孔,該螺絲螺入該螺孔內,將上述兩個相鄰基本浮體連接起來;把所有相鄰配對的連接座連接,將複數個基本浮體連接成一個準備加強區;位於該準備加強區週邊任一週邊的複數個連接座的貫穿圓孔位於同一條水平線上;該加強連接裝置包括複數根加強桿和複數個轉角固定器,上述準備加強區週邊,位於同一條水平線上的複數個連接座的貫穿圓孔內穿入一根加強桿,複數根加強桿之間通過轉角固定器連接,形成一個呈多邊形的加強區,其中該多邊形加強區的每一週邊設有一根加強桿,該多邊形加強區的每個角設有一個轉角固定器;兩個相鄰加強區的對應邊的連接座相互配對,共用一根加強桿,複數個相鄰加強區的對應角之間共用一個轉角固定器,將相鄰的準備加強區連接起來,連接所有準備加強區,形成該浮體陣。

62

　　該浮體陣中之基本浮體與相鄰基本浮體之間的基本連接，一律以鉸鏈式連接為主，所有完成基本連接的配對連接座可以配合海洋面的海浪，略有上下活動，並可對該基本連接裝置的短柱軸做奈米級的旋轉。一般而言，俯視形狀為三邊以上的基本浮體，任何一週邊的長度超過 1 個水平基本長度以上時，每增加 1 個水平基本長度，該週邊在水平方向必須至少增加 1 個連接座，以維持該週邊與相鄰基本浮體的相對應週邊之間在同一水平方向的有效連接，並減少各單獨配對連接座在基本連接完成後，受力破壞以致損毀的可能性。所以，對於週邊比較長的正多邊形基本浮體來說，該基本浮體的每一外壁面均設有位於同一水平線上的至少兩個連接座，該至少兩個連接座設有具有同一軸心線及同一直徑的水平貫穿圓孔，該軸心線在水平方向，且與所述外壁面平行，一中柱軸穿入兩個相鄰基本浮體的所有配對連接座的水平貫穿圓孔內，該中柱軸的一端為螺帽，另一端設有螺孔，復以一螺絲螺入該螺孔內，鎖緊固定，將上述兩個相鄰基本浮體連接起來。一般而言，如果基本浮體在垂直方向上的深度超過 1 個垂直基本長度以上時，每增加 1 個垂直基本長度，該基本浮體的任一週邊也必須在垂直方向增加 1 個水平連接座，以保持該基本浮體與相鄰基本浮體之間的連接在垂直方向的穩定性。所以，比較深的基本浮體在垂直方向，可能有兩個以上在不同水平面上的連接座，這些基本浮體在組成加強區時，在垂直方向的連接座分別各自以加強桿和轉角固定器在各自的水平面上形成一層加強連接；相鄰的任意兩層之間，除了上、下兩層各自完成水平方向的加強連接外，各加強區的相鄰上、下兩層之間也必須用垂直加強連接裝置配合連接。所以，對於垂直方向深度比較長的基本浮體來說，該基本浮體的每一外壁面均設有位於同一垂直線上、至少兩層連接座，每層連接座之間通過位於該層的加強桿連接，每層加強桿之間通過位於該層的轉角固定器連接，該相鄰兩層之所有轉角固定器之間，分別增設垂直方向、互相對應之固定座；位於相

鄰兩層的所有轉角固定器的垂直方向、互相對應之固定座之間，分別增加一根垂直加強桿，連接固定。超過兩層以上的連接座完成加強連接後，該浮體陣中所有的加強連接裝置就形成了一個三維空間的加強桿骨架結構，該三維空間的加強桿骨架結構有助於該浮體陣在海洋面上的穩定性。

　　該基本浮體內部設有一個位於水位線上方的隔板，該隔板為一不透水的隔離層，該隔板與該基本浮體外部的水位線之間、在該基本浮體內部的體積，不小於該隔板上方基本浮體內部的體積，可保證該基本浮體不會沉沒；該隔板上方設有一冷卻水管路，該冷卻水管路緊貼在該太陽能光伏發電模組的下方，該冷卻水管路一端為入水口，另一端為出水口。該工作通路網內的所有基本浮體上方均鋪設平板，該工作通路網包括設在平板上的複數條人行道及車行道、複數個維修區以及複數個位於浮體陣邊緣的供電區，該複數個供電區與設置在該浮體陣頂部的複數個太陽能光伏發電模組電連接，該複數個維修區供維修工作人員使用。該基本浮體的俯視形狀為正方形、正三角形、長方形、菱形、平行四邊形、不等邊三角形、正六邊形以及圓形中的任何一種。該俯視形狀為正六邊形以及圓形的基本浮體組成的準備加強區僅包含一個基本浮體。該浮體陣需用鐵錨，以類似船舶的方式固定在海洋面上。

　　本發明可以使用在地球上任何海洋湖泊表面，將表面的太陽光能轉換成電能。本發明的優點在於組成的浮體陣的俯視面積很大，可以達到數百平方公里以上，因此能充分利用海洋湖泊表面的太陽能進行發電，提供大量能源，特別適用於陸地面積較小的島嶼地區附近的海洋表面。

【實施方式】

　　第一圖是俯視形狀為正方形的基本浮體組成加強區的示意圖。第一圖(A)為該基本浮體的立體圖。該俯視形狀為正方

形的基本浮體 10，具有四個完全相同的外壁 101，102，103，104；該外壁 101 的外壁面設有一個向外突出的連接座 1011，該連接座 1011 的前端有一水平貫穿圓孔 1012，該圓孔的軸心線 1019 是水平方向，且與該外壁 101 平行；該外壁 102 的外壁面設有一個向外突出的連接座 1021，該連接座 1021 的前端有一水平貫穿圓孔 1022，該圓孔的軸心線 1029 是水平方向，且與該外壁 102 平行；該兩根軸心線 1019，1029 在同一平面上，成垂直相交。第一圖(B)為該基本浮體 10 與相鄰四個基本浮體 11，12，13，14 在完成連接狀態之前的示意圖。該俯視形狀為正方形的基本浮體 10 在準備連接狀態時的特徵在於：當該基本浮體 10 的任一外壁面（如 101）與另一相同基本浮體 11 的任一外壁面（如 111）並排連接時，該外壁面 101 與該相鄰的基本浮體 11 的外壁面 111 之間的一組配對連接座（如 1011 和 1111），能密切連接成一體；該連接座 1011 上的貫穿圓孔 1012，與相連接的該連接座 1111 的貫穿圓孔 1112 具同一軸心線；再以一短柱軸 191 穿過兩個相鄰的貫穿圓孔 1012 和 1112，該短軸柱 191 一端帶螺帽，另一端設有螺孔；復以一螺絲 1911 的螺紋端螺入該短柱軸 191 的螺孔內，鎖緊固定，完成基本連接。第一圖(C)是以該基本浮體 10 為中心，首先該基本浮體 10 與相鄰基本浮體 11，12，13，14 之間，分別各自通過一根短柱軸 191 和一螺絲 1911 完成配對連接座之間的基本連接，再陸續將另外四個基本浮體 15，16，17，18 以基本連接方式連接成一準備加強區 1009，該準備加強區 1009 週邊的所有連接座均未連接；接著就可以使用加強連接裝置對該準備加強區 1009 的四個週邊進行加強連接。該加強連接裝置包括四根長柱軸形的加強桿 192，第一圖(D)為該加強桿 192 的結構示意圖，每根加強桿 192 穿過該準備加強區 1009 一個週邊上的複數個連接座的貫穿圓孔，進行加強連接。第一圖(C)只是一個準備加強區的實施例，一個準備加強區可以由四個基本浮體、九個基本浮體、十六個基本浮體或其他數量的基本浮體組

成。該加強連接裝置除了所述該加強桿 192 外，另外在該準備加強區的所有四個轉角位置還配合使用與轉角數目相同的轉角固定器。第一圖(E)、(F)、(G)為三種轉角固定器 193，194，195 的結構示意圖。第一圖(E)中的該轉角固定器 193 為 L 形轉角固定器，可以把兩根呈直角的加強桿 192 的任一端 192a 或 192b 分別伸入該 L 形轉角固定器兩端的固定座 1931，1933 後，再分別使用兩個固定螺絲 1932，1934 鎖緊固定。第一圖 (F)中的該轉角固定器 194 為 T 形轉角固定器，該 T 形轉角固定器設有三個固定座 1941，1943，1945，可以固定三根呈 T 形設置的加強桿 192 的端部，再分別使用固定螺絲 1942，1944，1946 鎖緊固定。第一圖(G)中的轉角固定器 195 為十字形轉角固定器，該十字形轉角固定器設有四個固定座 1951，1953，1955，1957，除了固定兩根垂直的加強桿外，還可以固定其他加強區的兩根垂直的加強桿，再分別使用固定螺絲 1952，1954，1956，1958 鎖緊固定。有了這三種轉角固定器後，可以用加強區作為連接單位，連接組成一個大面積的浮體陣。第一圖(H)是把該準備加強區 1009 的四個週邊及四個轉角位置分別採用該加強連接裝置的四根加強桿 1921，1922，1923，1924 配合四個轉角固定器 193，194，194a，195 完成加強連接形成一加強區的示意圖，其中該上方的加強桿 1924 的左端及該左邊加強桿 1923 的上端通過該 L 形轉角固定器 193 連接固定，該加強桿 1924 的右端和該右邊加強桿 1921 的上端通過該 T 形轉角固定器 194 連接固定，該 T 形轉角固定器 194 的第三個未用到的固定座，用來連接左邊另一個加強區 100a 的一根加強桿，該加強桿 1921 除了貫穿連接該加強區 100 的最右方三個分別屬於三個基本浮體 18，11，15 的三個連接座之外，同時也貫穿連接屬於右邊另一加強區 100a 最左邊的分別屬於三個基本浮體 17a，13a，16a 的三個連接座，完成該兩個加強區 100、100a 之間的連接。該加強桿 1923 的下端及該下方加強桿 1923 的左端通過另一 T 形轉角固定器 194a 連接

固定，該 T 形轉角固定器 194a 的第三個未用到的固定座用來
連接下方另一加強區 100b 的另一根加強桿，該加強桿 1921 的
下端及該下方加強桿 1922 的右端，採用十字形轉角固定器 195
連接固定，該十字形轉角固定器 195 的另外兩個未用到的固定
座用來固定連接另外三個加強區 100a，100b 和 100c 的兩根加
強桿。第一圖(I)是以加強區為單位，以加強區 100 為起始加強
區，逐步連接 100a，100b，100c，100d，100f，100g，100h，
100i，100j……，最終形成一大面積的浮體陣的示意圖。在該
浮體陣內上方規劃一工作通路網，如複數條人行道以及車行
道、複數個維修區以及複數個位於浮體陣邊緣的供電區。該浮
體陣的俯視面積可達到數百平方公里。

　　第二圖是本發明第一實施例的基本浮體 10 的改進形式及
加強連接裝置的示意圖。第二圖(A)為該基本浮體 10 的一種改
進形式的立體圖。第二圖(A)中的基本浮體 10W 的俯視形狀為
正方形，但是其每邊的長度較大，超過了一個水平基本長度，
因此每個外壁面必須在水平方向設置兩個連接座，才能維持連
接的穩定。該基本浮體 10W 有四個完全相同的外壁 101W，
102W，103W，104W；該外壁 101W 的壁面外側設有位於同
一水平面上的兩個突出的連接座 1013，1015，該連接座 1013
設有水平貫穿圓孔 1014，該連接座 1015 設有水平貫穿圓孔
1016，該兩個貫穿圓孔 1014，1016 具有同一軸心線 1019 及同
一直徑，該軸心線 1019 在水平方向，且與外壁 101W 平行；
該外壁 102W 的壁面外側設有位於同一水平面上的兩個突出
的連接座 1023，1025，該連接座 1023 設有一水平貫穿圓孔
1024，該連接座 1025 設有一水平貫穿圓孔 1026，該兩個貫穿
圓孔 1024，1026 具有同一軸心線 1029 及同一直徑，該軸心線
1029 在水平方向，且與外壁 102W 平行；該兩條軸心線 1019
和 1029 在同一水平面上，呈垂直相交。一般而言，俯視形狀
為三邊以上的基本浮體，任何一週邊的長度超過 1 個水平基本
長度以上時，每增加 1 個水平基本長度，該週邊在水平方向必

需增加 1 個連接座，以維持該邊與相鄰基本浮體的相對應邊之間水平方向的有效連接，並減少各單獨連接座在基本連接完成後受力破壞以致損毀的可能性。該水平基本長度的具體長度取決於浮體材料、基本浮體外壁厚度、連接座構造、以及海洋位置等因素，不同材料的基本浮體在不同的海洋位置，及使用不同的連接座均可能具有不同的水平基本長度，需要根據實際情況測量得到。

第二圖(B)是該基本浮體 10W 與另一同樣的基本浮體 11W 相連接時，可以使用兩個相同的短柱軸 191，以及與之配合的螺絲 1911，把相互連接貫通的兩組連接座分別完成基本連接。第二圖(C)則是用一根中柱軸 197，一次貫通該兩個基本浮體 10W，11W 的兩個相鄰外壁面 101W，111W 上的所有連接座，該中柱軸 197 的一端為螺帽，另一端設有螺孔，一螺絲 1971 螺入該螺孔內，鎖緊固定，完成基本連接。這種一次連接兩個相鄰基本浮體之間的同一水平線上所有連接座的基本連接結構，比較有效及穩定。

第二圖(D)為該基本浮體 10 的垂直剖面圖；該圖是以赤道附近的海洋表面考慮，該基本浮體 10 的上方水平覆蓋有一太陽能光伏發電模組 8（Photovoltaic Solar Cell Module），該太陽能光伏發電模組 8 的表面是不透水的保護面；該基本浮體 10 內部安裝一個可重覆充電的電池 81（Rechargeable Battery），該電池 81 與該太陽能光伏發電模組 8 電連接；該電池 81 由該太陽能光伏發電模組 8 充電；該電池 81 提供該太陽能光伏發電模組 8 內部附設的一測試電路的電力。該測試電路再把有關該太陽能光電模組 8 的操作參數提供給位於該複數個維修區內之一控制中心偵測使用；同時，該電池 81 也提供另外兩個小水泵 82、83 必要的電力，該小水泵 82 提供一冷卻水管路 84 的動力，用於冷卻該太陽能光伏發電模組 8，該小水泵 83 用於排出滲入該基本浮體 10 內部的海水，使該基本浮體 10 內部保持乾燥。第二圖(E)是該太陽能光伏發電模組 8 的

下方底部示意圖,該太陽能光伏發電模組 8 通過一固定座 85 固定在該基本浮體 10 的上方,該固定座 85 上安裝該冷卻水管路 84,該冷卻水管路 84 緊貼在該太陽能光伏發電模組 8 的下方,該冷卻水管路 84 一端為入水口 841,另一端為出水口 843,該小水泵 82 從該基本浮體 10 底部以下抽取的海水從該入水口 841 流入該冷卻水管路 84,冷卻該太陽能光伏發電模組 8 後,經由該出水口 843 自該基本浮體 10 的上方排出,流入海洋。

在中緯度或高緯度的海洋表面,為了該太陽能光伏發電模組表面能吸收最大量的太陽光,需根據海洋位置的緯度,在北半球向南傾斜固定,在南半球向北傾斜固定;在此情況下,在本發明中,在所有基本浮體的上部,一律用平板密封,形成一個大平臺,將複數個太陽能光伏發電模組一律固定在該大平臺上,並配合以適當的傾斜角度,使得該複數個太陽能光伏發電模組的表面都能吸收最大量的太陽光。由於受陰影的影響,並不是所有的基本浮體上方都有一個太陽能光伏發電模組。

第二圖(F)為該基本浮體 10 的另一種改進形式的立體圖。該基本浮體 10 在垂直方向的縱深增加後,該基本浮體 10 改變為另一基本浮體 10T。由於縱深的增加,必須增加每一週邊垂直方向的連接座數目,才能維持垂直方向的穩定連接。一般來說,任何固定型的基本浮體,如果垂直方向的深度超過 1 個垂直基本長度以上,每增加 1 個垂直基本長度,該基本浮體的任一週邊都必需在垂直方向增加 1 個水平方向的連接座,以保持該基本浮體與相鄰基本浮體之間的連接,在垂直方向的穩定性。需要注意的是,各種材料的基本浮體在不同的海洋位置,及使用不同的連接座,或者不同的外壁厚度,其水平基本長度均不一樣,其垂直基本長度也不一樣,由於受力的狀況不一樣,同一材料的基本浮體在同一海洋位置及同一連接座構造下,水平基本長度也不等於其垂直基本長度。所以該基本浮體 10T 組成的準備加強區在垂直方向,有上、下兩層加強桿和轉角固定器,分別環繞該準備加強區的各個週邊形成一加強區;

該加強區的上下兩層之間，每一個轉角固定器的位置，也需要增加一根垂直加強桿，以及用增加原轉角固定器在垂直方向的固定座的方式，配合連接。第二圖(F)中的該基本浮體 10T 具有四個完全相同的週邊外壁 101T，102T，103T，104T；該外壁 101T 的壁面上部有一水平方向連接座 1011，該連接座 1011 的前端設有一貫穿圓孔 1012，該貫穿圓孔 1012 具有水平方向的軸心線 1019；該外壁 101T 的壁面下部也設有一水平方向的連接座 1017，該連接座 1017 的前端有一貫穿圓孔 1018，該貫穿圓孔 1018 具有水平方向的軸心線；該兩個軸心線 1019，1019T 均與外壁 101T 的壁面平行，該兩個軸心線 1019，1019T 在同一垂直縱切面上。當該週邊外壁 101T 與相鄰基本浮體任一壁面配合連接時，該壁面 101T 的上下兩個連接座 1011，1017 必須各自與相對應的連接座配對連接，形成兩組互相平行的基本連接。合適數量的該基本浮體 10T 組成一加強區 100T 時，會有上、下兩層同樣的加強桿連接，該上、下兩層加強桿結構每一層都有四個轉角位置，此時必須考慮上、下兩層轉角固定器的垂直方向的加強連接，才可以真正完成加強連接。第二圖(G)是第一圖(A)中基本浮體組成加強區 100 的加強連接裝置的結構圖，在這裏只保留了所有的加強桿及轉角固定器，以供比較。第二圖(H)是第二圖(F)中的基本浮體 10T 組成加強區 100T 的加強連接裝置的結構圖。比較第二圖(H)和第二圖(G)，可以清楚地看出，在第二圖(H)的上、下兩層加強桿之間，在四個轉角固定器的位置都多出一根垂直加強桿 199，該四根垂直加強桿 199 分別連接四組在不同垂直線上的轉角固定器 193T，194T,194Ta，195T，該轉角固定器 193T 比該轉角固定器 193 多出了一個垂直方向的固定座，其他三個轉角固定器 194T,194Ta，195T 的情況也是一樣。該上、下兩層各四個轉角固定器，每一個都增加一個垂直方向的固定座，用來連接四根垂直加強桿 199 後，該加強區 100T 週邊所有的加強桿形成了一個三維空間的加強桿骨架結構，如第二圖(H)所示。該三維

空間的加強桿骨架結構，明顯比第二圖(G)中的平面結構更為
穩定。第二圖(I)是該縱深增加後的基本浮體 10T 的垂直剖視
圖，與原來第二圖(D)中的該基本浮體 10 相比較，該基本浮體
10T 內部比該基本浮體 10 多增加了一個位於水位線 91 上方的
隔板 9，該隔板 9 與該基本浮體外部的水位線 91 之間，該基
本浮體 10T 內部的體積 Va，如果不小於該隔板 9 上方、該基
本浮體 10T 內部的體積 Vb，則該基本浮體 10T 就不會沉沒；
該隔板 9 為一不透水的隔離層，其上方也同樣可以安裝一電池
81 和兩個小水泵 82，83；該基本浮體 10T 下方，比該基本浮
體 10 多出一組呈左右對稱的連接座 1017，1037。由於很多相
同的基本浮體的重量未必完全相同，有些基本浮體的重量分佈
並不均勻，或者該基本浮體上方的載重負荷不同（所謂載重，
即工作通路網，太陽能光伏發電模組，以及三維空間的加強桿
骨架結構等等），因此在該基本浮體 10T 的底部設有調節平衡
部件 96，該調節平衡部件 96 可以是液體，如海水，可以在該
基本浮體底部的分隔區域內引入或抽出海水來調節該基本浮
體的平衡；該調節平衡部件 96 也可以是固體，在該基本浮體
10T 底部特定位置固定大小不同的塊狀或粒狀物體來調節該
基本浮體的平衡。該基本浮體 10T 底部可以螺固或焊固的方
式，加裝一倒錐形底座 97，以增加在海洋中的穩定性。在該
實施例中該基本浮體 10T 為正方形，則該倒錐形底座 97 為倒
金字塔形，當然，該基本浮體 10T 的底部也可以一開始就做成
倒錐形。比該基本浮體 10T 更深的基本浮體，如果在垂直方
向，這些加強區的週邊使用的加強連接裝置超過兩層以上完成
加強連接後，任何相鄰兩層之間都必需用增加垂直加強桿及增
設轉角固定器在垂直方向的固定座的方式來加強連接。該浮體
陣中所有加強連接裝置，形成了一個更堅固的三維空間的加強
桿骨架結構，該三維空間的加強桿骨架結構有助於浮體陣在海
洋面上的穩定性。

第二圖(J)是以第二圖(F)中基本浮體 10T 為單位浮體組成

浮體陣的俯視圖。圖中所有的小方格分別表示一個基本浮體
10T,例如右上角的小方格10T表示一個基本浮體,20個基本
浮體組成一個加強區1008A,在加強區1008A的下方有四個
同樣的長方形加強區1008B,1008C,1008D及1008E。由於
該基本浮體10T內部上方隔板9與太陽能光伏發電模組8之間
的距離較短,當任何一個基本浮體10T需要維修時,只能從側
面維修,不能像地面上大廈屋頂的光伏發電模組那樣可以自下
方維修。所以浮體陣上方必須預留維修用的工作通路,該工作
通路主要包括複數條車行道1007,複數條人行道1006,如第
二圖(J)所示。該工作通路佔用該浮體陣相當大的面積,形成資
源浪費。除了這些工作通路外,該浮體陣上方還必須另外規劃
複數個必要的維修區及複數個位於該浮體陣邊緣的供電區,組
成一個工作通路網。

　　第二圖(K)是第二圖(J)下方n-n連線的垂直剖視圖。每一
個方格均表示一個基本浮體10T,該基本浮體10T的上方均設
有一太陽能光伏發電模組8,在圖中以直線表示;該基本浮體
10T在該水位線91下方的部分均未畫出。如第二圖(J)所示,
該複數條車行道1007及人行道的上方沒有任何太陽能光伏發
電模組。

　　為了改進上述資源浪費的問題,該基本浮體10T必須改
進設計,在第二圖(J)的基本浮體10T上方向上延伸一段成為
另一基本浮體10D,如第二圖(L)所示。該基本浮體10D的中
下部分與原基本浮體10T相同,唯其上方較該基本浮體10T
延伸出一段,該基本浮體10D的四個外壁面上部均設有一大
孔,如該外壁面101D上部有一大孔1017D,該外壁面102D
上部有一大孔1027D,外壁面103D上部有一大孔1037D,外
壁面104D上部有一大孔1047D。該四個大孔1017D,1027D,
1037D,1047D均為同樣大小,可以讓工作人員順利進出,以
便自下方維修安裝在頂部的太陽能光伏發電模組8,該隔板9
以及該水位線91均已顯示在第二圖(L)上。

72

第二圖(M)為以 10D 為基本浮體組成浮體陣的俯視圖。加強區 1005 由 100 個基本浮體 10D 組成,由於維修人員可以在各基本浮體 10D 之間自由進出,且可以自下方維修各太陽能光伏發電模組 8。如第二圖(M)所示,該浮體陣上方已儘量減少了人行道 1006 的數目。該加強區 1005 是由第二圖(J)中的 5 個加強區 1008A,1008B,1008C,1008D,1008E 及它們之間的人行道合併而成。第二圖(N)是第二圖(M)下方 m-m 連線的垂直剖視圖。由於該複數條車行道 1007 和該複數條人行道 1006 的上方有足夠的空間,所以也可以安裝太陽能光伏發電模組,形成與陸地上大廈頂端的太陽能光伏發電模組同樣的結構,大大減少了資源浪費。

第三圖為本發明第二實施例的結構示意圖。第三圖(A)是俯視形狀為正三角形的基本浮體組成加強區的示意圖。一俯視形狀為正三角形的基本浮體 20 的三個週邊分別與另外三個同樣的基本浮體 21,22,23 的任何一週邊連接,與第一圖中俯視形狀為正方形的基本浮體採用完全相同的基本連接。第三圖(A)所示的加強區是由八個基本浮體 20,21,22,23,24,25,26,27 組成。該加強區的俯視形狀為菱形,與該基本浮體 20 的俯視形狀為正三角形不同,所以加強區的俯視形狀與基本浮體的俯視形狀無直接關係。第三圖(A)只是顯示了眾多可能的加強區中的一種。很明顯,第三圖(A)也可能是由兩個比較小的正三角形加強區組成。例如該四個基本浮體 20,21,22,23 可以組成一個小加強區,另一個相同的小加強區則由另四個基本浮體 24,25,26,27 組成。加強區的週邊都用合適長度的加強桿配合適當形狀的轉角固定器組成加強連接裝置,用以連接固定。對基本浮體的俯視形狀是正三角形的加強區來說,可能的轉角固定器的俯視形狀如第三圖(B)、(C)、(D)、(E)所示:連接兩根加強桿的轉角固定器 295,該轉角固定器 295 的兩個連接座的夾角為 60 度,適合用於第三圖(A)中的 A 點;連接三根加強桿的轉角固定器 294,該轉角固定器 294 的三個

連接座分別位於 0 度，60 度和 120 度，適合用於第三圖(A)中的 C 點；連接四根加強桿的轉角固定器 293，該轉角固定器 293 的四個連接座分為位於 0 度，60 度，120 度和 180 度，適合用於第三圖(A)中的 B 點；連接六根加強桿的轉角固定器 296，該轉角固定器 296 的六個連接座的相鄰兩個連接座之間的夾角均為 60 度，適合用於第三圖(A)的 D 點。本段所討論的兩種不同的準備加強區，週邊都使用同一長度的加強桿來連接所有的週邊。

第四圖(A)是本發明第三實施例的加強區的示意圖，該實施例中採用俯視形狀為長方形的基本浮體 30 組成加強區。俯視形狀為長方形的基本浮體 30 的四個週邊分別與另外四個相同的基本浮體 31，32，33，34 的相應邊連接。由於該基本浮體 30 的四個週邊並非同樣長度，其中兩個相等的長週邊必須與另外兩個基本浮體 31，33 的任一長週邊連接，該基本浮體 30 的另兩個相等的短週邊則必須與另外兩個基本浮體 32，34 的任一短週邊連接。第四圖(A)所示的加強區的週邊必須用兩種不同長度的加強桿各兩根，以及與俯視形狀為正方形的基本浮體 10 所使用的完全相同的轉角固定器組成加強連接裝置，繼續進行連接固定，最後成為一浮體陣。

在第三實施例的另一實施方式中，俯視形狀是正方形的基本浮體，雖然有相同長度的四個週邊，但是該四個週邊的外壁面上的連接座結構並不一定完全相同。例如：該基本浮體 39 的兩組對邊的配對連接座結構可以不同；或者，該基本浮體的兩組對邊的配對連接座數目可以不同。第四圖(B)是俯視形狀為正方形的基本浮體 39 的俯視圖。該基本浮體 39 具有四個等長週邊 391，392，393，394，該四個等長週邊 391，392，393，394 分成兩組對邊，該第一組對邊包括兩個週邊 391，393，在該兩個週邊 391，393 的外壁面上，設有向外突出的連接座 3911，3931，與第一圖(A)和第一圖(B)中的兩個週邊 102，104 的連接座構造相同。不同的地方在於：第二組對邊 392，394

中，該週邊 394 的外壁面上向外突出一呈 U 型的連接座 3941；該週邊 392 是該週邊 394 的對邊，在該週邊 392 的外壁面上，向外突出一連接座 3921，該連接座 3921 恰好可以插入該 U 型連接座 3941 中心的空位內，所以該兩個連接座 392，394 形成一組配對連接座。第四圖(C)顯示，在把該兩個相同的基本浮體 39 做基本連接時，該基本浮體 39 的任一週邊只能與另一相同基本浮體 39a，39b，39c，39d 的特定週邊相連接，而不能與相鄰浮體的任一週邊相連接；例如：該基本浮體 39 的外壁面 391 只能與該基本浮體 39a 的外壁面 393 做基本連接；該基本浮體 39 的外壁面 392 只能與該基本浮體 39b 的外壁面 394 做基本連接；該基本浮體 39 的外壁面 393 只能與該基本浮體 39c 的外壁面 391 做基本連接；該基本浮體 39 的外壁面 394 只能與該基本浮體 39d 的外壁面 392 做基本連接。基本連接一律採用短柱軸 191 和螺絲 1911（4 個週邊均採用同一裝置），與第一圖(B)中的短柱軸 191 和螺絲 1911 相同。長方形的基本浮體由於兩組對邊長度不同；所以任一週邊只能與另一同樣基本浮體的特定週邊做基本連接，正方形的基本浮體雖然四個週邊長度相同，但由於四個週邊上的連接座形成兩組不同的配對連接座結構，所以任一週邊也只能與另一同樣的基本浮體的一個特定週邊做基本連接，而不能像第一圖(B)所示，可與另一相同基本浮體之任一週邊做基本連接；在這些情況下，以該基本浮體的任一外壁面作為連接壁面，與另一基本浮體連接時，就只能與另一個基本浮體的特定週邊上的連接座配對連接，而不能與該另一個基本浮體的任一週邊壁面上的連接座配對連接。在這種情況下，雖然該基本浮體的四個週邊長度相同，仍然只能與另一基本浮體的特定週邊上的連接座配對連接，與俯視形狀是長方形的基本浮體之間的連接方式比較類似。

第五圖為本發明第四實施例的結構示意圖。其中第五圖(A)為俯視形狀為菱形的基本浮體 40 組成加強區的示意圖。該基本浮體 40 的四個週邊長度均相同，但是由於四個內夾角中

的對角相等，鄰角互補的菱形特性，在與相鄰的四個基本浮體 41，42，43，44 連接時，與夾角一律為直角的俯視形狀為正方形的基本浮體的基本連接方式不同，不能與相鄰的同樣基本浮體 41 的任一週邊連接，必須維持基本浮體 40 與基本浮體 41 的連接面兩邊側壁的直線延伸方向不變，才能一次把四個基本浮體 41，42，43，44 與位於中心的基本浮體 40 以基本連接裝置完成基本連接，只有繼續保持該連接面的兩側壁的直線延續性，才能繼續連接成第五圖(A)的準備加強區，該準備加強區以一加強連接裝置連接固定，該加強連接裝置包括四根同樣長度的加強桿以及第五圖(B)、(C)、(D)、(E)所示的四種轉角固定器 493，493c，494，495。第五圖(A)經過加強連接後，可以形成加強區。如果 a 點是浮體陣最外緣的獨立角落，則該轉角固定器 493 用於連接第五圖(A)中在 a 點相連接的兩根加強桿，該轉角固定器 494 可以在 b 點或 c 點連接三根加強桿，該轉角固定器 495 可以在 d 點連接 4 根加強桿。該加強區可以自 a 點向 b，c，d 三個方向繼續與其它的加強區繼續進行連接，形成大面積的浮體陣。如果在 c 點是該浮體陣最外緣的獨立角落，只有兩根加強桿需要連接，但不與其他加強區連接，則需使用另一轉角固定器 493c，該轉角固定器 493c 與轉角固定器 493 的夾角互為補角。

　　第五圖(F)是俯視形狀為平行四邊形的基本浮體 50 組成加強區的示意圖。該基本浮體 50 與四個相同的基本浮體 51，52，53，54 必須按照特定的方向，才能完成基本連接，而後再擴大連接成加強區。由於平行四邊形的對邊相等，但是鄰邊與對邊長度不同，以及內對角相等，但與內鄰角互補的特性，在該基本浮體 50 與相鄰的四個基本浮體 51，52，53，54 連接時，相鄰基本浮體的相同邊長的連接壁面完成基本連接後，必須保持與該連接壁面相鄰的兩個壁面在平行方向上的延續性，才能繼續進行連接成第五圖(F)所示的準備加強區，該準備加強區的四個週邊必須以兩種不同長度的加強桿各兩根，以

及與俯視形狀類似第五圖(B)、(C)、(D)、(E)的各種轉角固定器所組成的加強連接裝置配合,才可以繼續與其他加強區進行連接,組成大面積的浮體陣。

如果一個基本浮體的俯視形狀是一個不等邊三角形,該不等邊三角形的三個週邊都不相等,以該基本浮體的任一週邊作為公共邊,與另一個同樣俯視形狀的基本浮體,使用基本連接裝置把上述同一公共邊上所有的配對連接件進行基本連接後,就形成了一個俯視面積是平行四邊形的中途連接單位,作為繼續進行連接的基本單位;該基本單位就可以依照俯視形狀是平行四邊形的基本浮體的連接方式,形成相類似的準備加強區,最後進一步組成大面積的浮體陣。

第六圖(A)是本發明第五實施例的俯視面積為正六邊形的基本浮體 60 組成一個加強區的示意圖,該加強區僅包含一個基本浮體 60。對於俯視形狀是正六邊形的基本浮體 60 來說,只能以該基本浮體 60 為單位,與相鄰準備連接的六個相同的基本浮體 61,62,63,64,65,66 之間,分別使用由加強桿 691 以及轉角固定器 693 或 694 組成的加強連接裝置進行加強連接。第六圖(B)中,顯示該加強桿 691 的結構示意圖。第六圖(C)、(D)為兩種轉角固定器 693,694 的結構示意圖。該轉角固定器 693 可以同時連接三根加強桿 691,用於該基本浮體 60 的六個角的外方位置,完成該基本浮體 60 與相鄰兩個相同的基本浮體之間的加強連接,如第六圖(A)所示。另一種轉角固定器 694 則用於僅有兩根呈 120 度角連接的加強桿 691 之間的連接,僅限於最後完成之浮體陣的邊緣區域。第六圖(E)是使用六個俯視形狀為正三角形的基本浮體 a,b,c,d,e,f 組成一個準備加強區 601 的俯視圖,該準備加強區 601 的週邊為正六邊形,使用該週邊加強桿 691 和該轉角固定器 693 各六個,以完成該準備加強區 601 和與之相連的其他六個同樣的準備加強區之間的連接,如第六圖(A)所示;但是,該準備加強區 601 內部的六個正三角形基本浮體 a,b,c,d,e,f 之間

則僅使用基本連接。使用該準備加強區 601 的連接方式組成的浮體陣，比由上述第三圖所示的準備加強區組成的浮體陣堅固了很多倍。因此，加強區的選擇是由使用的需要來決定，而不是由組成該加強區的基本浮體的俯視形狀來決定。第六圖(F)是由三個俯視形狀為正菱形的基本浮體 u，v，w 組成的準備加強區 602，該準備加強區 602 的俯視形狀也是正六邊形。同樣的，以該準備加強區 602 為單位組成的浮體陣的堅固程度必然遠遠超過了第五圖(A)所示的準備加強區組成的浮體陣。特別重要的是該準備加強區 602 只能由三個俯視形狀為內夾角為 60 度或 120 度的正菱形基本浮體組成，而不是第五圖(A)中所示的一般菱形基本浮體組成。

第七圖為本發明第六實施例的俯視形狀為圓形的基本浮體的連接示意圖。第七圖(A)是俯視形狀為圓形的基本浮體 81 與四個同樣的基本浮體 811，812，813，814 的連接示意圖。該四個基本浮體 811，812，813，814 環繞在中間這個基本浮體 81 的上、下、左、右四個方向，與該基本浮體 81 形成公切線的四個公切點則為配對連接座的連接位置，該四條公切線組成一個正方形。第七圖(B)為該基本浮體 81 的放大圖，該基本浮體 81 形成由該四條公切線組成的正方形的內切圓，位於該正方形的四個週邊中點的內切點即為四個連接座 81a、81b、81c、81d 的位置。所以該基本浮體 81 與相鄰任何一個同樣形狀的基本浮體之間，在任何水平方向，都只能有一組配對連接座，不能用增加連接座數量的方式來增加連接的強度，只能把唯一的配對連接座進行有限度地延長，該基本浮體 81 與由該四條公切線組成的俯視形狀是正方形的基本浮體 10A 的差別就在這一點上；因此該基本浮體 81 的週邊長度不得長於 4 個水平基本長度。而俯視形狀是正方形的基本浮體 10A 的任一個週邊均可以在同一水平線上，有超出一個以上的連接座，如第二圖(A)所示。這種差別可以應用在浮體陣邊緣的由兩條呈直角連接的加強桿連接的基本浮體上，如第一圖(H)中俯視形

狀為正方形的左上角基本浮體 17，就可以用一個俯視形狀為
圓形的內切圓基本浮體 81 代替，以減低該基本浮體 17 被左上
角的轉角固定器 193 碰撞損毀的可能性。同樣的原理也可以應
用在由正三角形或正六邊形基本浮體組成的浮體陣的邊緣、獨
立角落的位置。第七圖(C)為一個俯視形狀是圓形的基本浮體
82 與它相鄰的三個相同基本浮體 821，822，823 的連接示意
圖，該基本浮體 82 是由三條公切線u，v，w組成的正三角形
的內切圓。第七圖(D)為第七圖(C)中，該圓形基本浮體 82 的
放大示意圖，該基本浮體 82 的外壁面上分別設有連接座 82u，
82v 和 82w。如第七圖(E)所示，一圓形基本浮體 82A 也可以
同時具有六個相鄰的同樣的基本浮體 821，822，823，824，
825，826。第七圖(F)是該基本浮體 82A 與六個相同基本浮體
821，822，823，824，825，826 的六條公切線a，b，c，d，e，
f的放大示意圖，六個公切點的位置即為六個連接座 82a、82b、
82c、82d、82e、82f 的位置。該實施例說明對於任何俯視形狀
為圓形的基本浮體，只能另外再選擇三個、四個或六個同樣的
基本浮體，使用加強連接裝置繼續連接成浮體陣。使用俯視形
狀為圓形的基本浮體的缺點在於：每一連接點只能有一個連接
座，只能延長連接座的長度，而不能增加連接座的數目。因此
該基本浮體 81 的週邊週邊長度不得長於 4 個水平基本長度，
該基本浮體 82 的週邊週邊長度不得長於 3 個水平基本長度，
而基本浮體 82A 的週邊週邊長度不得長於 6 個水平基本長
度。由於圓週長度不易過大，因此圓形基本浮體的直徑不易過
大。該俯視形狀為圓形的基本浮體可用於由多邊形基本浮體組
成浮體陣最外週的孤獨轉角處、週邊一圈位置、或者接近週
邊的區域，以減少該位置的基本浮體受力不平衡所造成的損
毀。

　　該浮體陣頂部的所有太陽能光伏發電模組接收到的電
能，都經過電連接，傳送到該浮體陣邊緣的複數個供電區；如
果該浮體陣所在的海洋表面位置接近人口聚集的大都市，該浮

體陣邊緣的複數個供電區可以將所有接收到的電能，經過電力線路、連接到海岸上的直流轉交流逆變器，再直接經過電力線路注入該大都市的現有電網。

如果該浮體陣所在的海洋附近，沒有任何陸地，則本發明的浮體陣，必須配合一支由複數條船舶組成的工作船隊，才可以使用。該工作船隊包括複數條儲藏電能船，複數條維修船以及複數條電能運輸船。該任何一條儲藏電能船均可以自該浮體陣的工作通路網內的任何一個供電區接收電能；該儲藏電能船滿載電能後，將其內部所有儲存的電能、經過電連接轉移到任何一條電能運輸船；該電能運輸船滿載後，又把儲存的電能運送到人口眾多的大城市的專用碼頭；該專用碼頭接收該儲存的電能後，經過電連接至海岸上的直流轉交流逆變器，再輸入該大城市的現有電網，提供電力供大量人口使用。該儲藏電能船或該電能運輸船上儲存電能的裝置目前的選擇是可重覆充電式電池模組（Rechargable Battery Module）、氧化還原液流儲能電池（Redox Flow Battery for Energy Storage）、或電化學電容器（Electrochemical Capacitor）。如果該浮體陣所在海洋表面位置附近沒有大都市，但是有一個小島，該小島可以取代該工作船隊中的該複數條儲藏電能船，而以該小島為基地，經過電連接、接收並儲存該浮體陣接收的太陽電能，再把電能直接通過電力線輸入到該工作船隊的複數條電能運輸船中的任何一條，以節約成本。該任何一條儲藏電能船均可作為電能運輸船使用，兩者之間，只有大小、以及運輸費用的差別。

在浮體陣上方設有複數個太陽能光伏發電模組，相鄰兩個太陽能光伏發電模組之間留有縫隙，該縫隙下方可以加設雨水收集裝置，用於在雨天將雨水收集起來，用作農業灌溉、非飲用水、或者淨化後用作飲用水，以便彌補日益嚴重的淡水缺乏問題。本發明的浮體陣內部，可以預留部分面積大約為 1 平方公里的空位，不設任何基本浮體，該空位可以用來做人工養殖各種海洋生物，以增加目前日益枯竭的漁業資源。

　　以上有關本發明的實施方式，是前所未有的在大面積海洋表面，把太陽光能直接轉換為可儲存、可運送的電能的裝置。在赤道附近的海洋面，每一平方公里一年得到的電能大約可供 10,000 人口日常生活使用。世界上大部分的國家，沒有足夠的陸地面積去開發太陽能，因此對這些國家來說，開發海洋表面的太陽能是最佳的，也是唯一的選擇。本發明能夠突破現有的昂貴的能源站及人工島技術，並且促進大量生產直流電產品的新工業，對人類進步有很大的貢獻。

【圖式簡單說明】

第一圖為本發明第一實施例的基本浮體組成加強區的示意圖，
　　其中：
　　第一圖(A)為基本浮體的立體圖。
　　第一圖(B)為基本浮體之間的連接示意圖。
　　第一圖(C)為複數個基本浮體組成準備加強區的連接示意
　　　　　圖。
　　第一圖(D)為加強桿的結構示意圖。
　　第一圖(E)、(F)、(G)為三種轉角固定器的結構示意圖。
　　第一圖(H)為利用加強桿和轉角固定器對準備加強區完
　　　　　成加強連接後形成加強區的結構示意圖。
　　第一圖(I)為複數個加強區形成一浮體陣的示意圖。
第二圖為本發明第一實施例的基本浮體的改進形式及加強連
　　接裝置的示意圖，其中：
　　第二圖(A)為基本浮體的一種改進形式的立體圖。
　　第二圖(B)為兩個相鄰基本浮體之間的連接示意圖。
　　第二圖(C)為兩個相鄰基本浮體之間的另一種基本連接示
　　　　　意圖。
　　第二圖(D)為基本浮體的垂直剖面圖。
　　第二圖(E)為太陽能光伏發電模組的下方底部示意圖。

第二圖(F)為基本浮體的另一種改進形式的立體圖。

第二圖(G)為由加強桿和轉角固定器組成的單層加強連接裝置。

第二圖(H)為由加強桿和轉角固定器組成的雙層加強連接裝置。

第二圖(I)為第二圖(F)的基本浮體的垂直剖面圖。

第二圖(J)為第二圖(F)中基本浮體組成的浮體陣的俯視圖

第二圖(K)為第二圖(J)中 n-n 連線的垂直剖視圖。

第二圖(L)為另一種基本浮體的結構示意圖。

第二圖(M)為第二圖(L)中基本浮體組成浮體陣的俯視圖。

第二圖(N)為第二圖(M)下方 m-m 連線的垂直剖視圖。

第三圖為本發明第二實施例的結構示意圖,其中:

第三圖(A)為三角形基本浮體組成加強區的示意圖。

第三圖(B)、(C)、(D)、(E)為四種轉角固定器的結構示意圖。

第四圖為本發明第三實施例的加強區的示意圖,其中:

第四圖(A)為該實施例的一種實現方式。

第四圖(B)為該實施例另一種實現方式,俯視形狀是正方形之基本浮體示意圖。

第四圖(C)為第四圖(B)的基本浮體之間的連接示意圖。

第五圖為本發明第四實施例的結構示意圖,其中:

第五圖(A)為平行四邊形基本浮體組成加強區的示意圖。

第五圖(B)、(C)、(D)、(E)為四種轉角固定器的結構示意圖。

第五圖(F)為該實施例的另一種實現方式。

第六圖為本發明第五實施例的結構示意圖,其中:

第六圖(A)為正六邊形基本浮體組成加強區的示意圖。

第六圖(B)為加強桿的結構示意圖。

第六圖(C)、(D)為兩種轉角固定器的結構示意圖。

第六圖(E)為由六個俯視形狀為三角形的基本浮體組成的

82

準備加強區。

第六圖(F)為由三個俯視形狀為正菱形的基本浮體組成的
準備加強區。

第七圖為本發明第六實施例的結構示意圖，其中：

第七圖(A)為圓形基本浮體的一種連接示意圖。

第七圖(B)為第七圖(A)中基本浮體的放大圖。

第七圖(C)為圓形基本浮體的另一種連接示意圖。

第七圖(D)為第七圖(C)中基本浮體的放大圖。

第七圖(E)為圓形基本浮體的另一種連接示意圖。

第七圖(F)為第七圖(E)中基本浮體的放大圖。

第八圖是習用能源站接收太陽能之裝置示意圖。

【主要元件符號說明】

10,11,12,13,14　俯視形狀為正方形之基本浮體

15,16,17,18,13a,16a　俯視形狀為正方形之基本浮體

17a,14b,18b,17c　俯視形狀為正方形之基本浮體

101,102,103,104,111,121　基本浮體之外壁面

1011,1021,1111　基本浮體之外壁面上之連接座

1012,1022,1112　貫穿圓孔　　191　短柱軸

1009　準備加強區　　　　　　1911　螺帽

192,1921,1922,1923,1924　加強桿

192a,192b　加強桿之兩端

193,194,194a,195　轉角固定器

1931,1933,1941,1943,1945　轉角固定器之固定座

1951,1953,1955,1957　轉角固定器之固定座

1932,1934,1942,1944,1946　固定螺絲

1952,1954,1956,1958　固定螺絲

100,100a,100b,100c,100d,100e　加強區

100f,100g,100h,100i,100j　加強區

10W,10T,11W　基本浮體

101W,102W,103W,104W,111W　外壁面

101T,102T,103T,104T　外壁面

1031,1027,1017,1013,1023,1037,1015,1025　連接座

1032,1028,1018,1014,1024,1038,1016,1026　貫穿圓孔

197　中柱軸　　　　　1971 螺帽

193T,194T,194Ta,195T　轉角固定器

199　垂直加強桿　　　8　太陽能光電模組

9　間隔層　　　　　　91　水位線

81　小電池　　　　　82,83　小水泵

84　冷卻管　　　　　85　固定座

841　入水口　　　　843　出水口

Va　基本浮體內，間隔層到水位線之間之體積

Vb　基本浮體內，間隔層上方之體積

96　調節平衡部件

97　倒錐形底座

1008A,1008B,1008C,1008D,1008,1008E　加強區

1007　車行道　　　　1006　人行道

10D　水面上方延伸一合適長度的基本浮體 10T

101D,102D,103D,104D　基本浮體 10D 的外壁面

1017D,1027D,1037D,1047D　大孔

1011D,1013D,1015D,1021D,1023D,1025D　連接座

1012D,1014D,1016D,1022D,1024D,1026D 貫穿圓孔

1005　加強區

n-n　垂直縱切面之位置

m-m　垂直縱切面之位置

20,21,22,23,24,25,26,27　正三角形之基本浮體

A,B,C,D　準備加強區週邊可能之轉角點

293,294,295,296　轉角固定器

30,31,32,33,34,35,36,37,38　長方形之基本浮體

39,39a,39b,39c,39d　由兩組不同對邊外壁面組成之正方形
　　　　　　　　　　基本浮體

391,392,393,394　　39 的四個向外壁面

3911,3931　配對連接座

3941　U 型連接座

3921　與 3941 配對之連接座

3912,3922,3932,3942　貫穿圓孔

40,41,42,43,44,45,46,47,48　菱形之基本浮體

493,494,495,493c　轉角固定器

50,51,52,53,54,55,56,57,58　平行四邊形之基本浮體

60,61,62,63,64,65,66　正六邊形之基本浮體

691　加強桿　　　　　　　　693,694　轉角固定器

601　由六個正三角形 a,b,c,d,e,f 組成之準備加強區

602　由三個正菱形 u, v, w 組成之準備加強區

811,812,813,814　俯視形狀為圓形之基本浮體

82A, 81,82 俯視形狀為圓形之基本浮體

uvw 以 82 為內切圓之正三角形基本浮體

u,v,w　公切線

82u,82v,82w 連接座

821,822,823　俯視形狀為圓形之基本浮體

824,825,826　俯視形狀為圓形之基本浮體

10A　以 81 為內切圓之正方形基本浮體

81a,81b,81c,81d　連接座

a,b,c,d,e,f　公切線

adbecf　以 82A 為內切圓之正六邊形基本浮體

82a,82b,82c,82d,82e,82f　連接座

3,4　太陽能光電模組

5　海浪線　　　　6　海底之海床位置

七、申請專利範圍：

1、 一種使用於海洋表面的太陽能光伏發電裝置，包括由複數個基本浮體組成的浮體陣，其特徵在於：
每個基本浮體的每一外壁面設有至少一個連接座，每兩個相鄰基本浮體之間通過配對連接座連接；
該複數個基本浮體的配對連接座之間通過基本連接裝置連接成一個準備加強區；
該複數個準備加強區之間通過加強連接裝置連接成該浮體陣；
該加強連接裝置包括複數根加強桿和複數個轉角固定器；
該浮體陣上方設有一工作通路網，該浮體陣頂部設置複數個太陽能光電轉換模組。

2、 如申請專利範圍第 1 項所述之使用於海洋表面的太陽能光伏發電裝置，其基本浮體每一外壁面均設有至少一個連接座，每一連接座均設有一水平貫穿圓孔；兩個相鄰基本浮體的兩個相對應的連接座配對，該每組配對連接座的貫穿圓孔位於同一條水平線上；該基本連接裝置包括一個短柱軸和一個與該短柱軸配合的螺絲，該短柱軸穿入兩個相鄰基本浮體的配對連接座的貫穿圓孔內，該短柱軸一端為螺帽，另一端設有螺孔；該螺絲螺入該螺孔內，將上述兩個相鄰基本浮體連接起來，把所有相鄰配對的連接座連接，將複數個基本浮體連接成一準備加強區。

3、 如申請專利範圍第 2 項所述之使用於海洋表面的太陽能光伏發電裝置，其位於該準備加強區之任一週邊的複數個連接座的貫穿圓孔位於同一條水平線上；該位於同一條水平線上的複數個連接座的貫穿圓孔內穿入一根加強桿，該複數根加強桿之間通過轉角固定器連接，形成一個呈多邊形的加強區；該多邊形加強區的每一週邊設有一根加強桿，該多邊形加強區的每個角設有一個轉角固定器；兩個相鄰加強區的對應邊

86

的連接座相互配對,共用一根加強桿;複數個相鄰加強區的對應角之間共用一個轉角固定器,將相鄰的準備加強區連接起來;再分別以該加強連接裝置,連接所有準備加強區,形成該浮體陣。

4、 如申請專利範圍第 3 項所述之使用於海洋表面的太陽能光伏發電裝置,其基本浮體每一外壁面均設有位於同一水平線上、或同一垂直線上,兩個或兩個以上連接座。

5、 如申請專利範圍第 4 項所述之使用於海洋表面的太陽能光伏發電裝置,其基本浮體每一外壁面均設有位於同一水平線上至少兩個連接座;該至少兩個連接座設有具有同一軸心線及同一直徑的水平貫穿圓孔,該軸心線在水平方向,且與所述外壁面平行;一中柱軸穿入兩個相鄰基本浮體之間同一水平線上的所有配對連接座的水平貫穿圓孔內,該中柱軸一端為螺帽,另一端設有螺孔,復以一螺絲螺入該螺孔內,將上述兩個相鄰基本浮體連接。

6、 如申請專利範圍第 4 項所述之使用於海洋表面的太陽能光伏發電裝置,其基本浮體的每一外壁面,在垂直方向均設有至少兩層連接座,每層連接座之間通過位於該層的加強桿連接,每層加強桿之間通過位於該層的轉角固定器連接;該相鄰兩層之所有轉角固定器,分別增設垂直方向、互相對應之固定座;位於相鄰兩層的所有轉角固定器的垂直方向、互相對應之固定座之間,分別增加一根垂直加強桿,連接固定,形成一個三維加強桿骨架結構。

7、 如申請專利範圍第 1 項所述之使用於海洋表面的太陽能光伏發電裝置,其基本浮體內部設有一個位於水位線上方的隔板,該隔板為一不透水的隔離層,該隔板與該基本浮體外部的水位線之間的該基本浮體內部的體積,不小於該隔板上方基本浮體內部的體積;該隔板上方設有一冷卻水管路,該冷卻水管路緊貼在該太陽能光電轉換模組的下方,該冷卻水管路一端為入水口,另一端為出水口。

8、 如申請專利範圍第 1 項所述之使用於海洋表面的太陽能光伏
發電裝置，其基本浮體的俯視形狀為正方形、正三角形、長
方形、菱形、平行四邊形、不等邊三角形、正六邊形、以及
圓形中的任何一種；該俯視形狀為正六邊形、以及圓形的基
本浮體組成的準備加強區僅包含一個基本浮體。

9、 如申請專利範圍第 1 項所述之使用於海洋表面的太陽能光伏
發電裝置，其工作通路網內的基本浮體上方均鋪設平板，該
工作通路網包括設在平板上的複數條人行道及車行道、複數
個維修區以及複數個位於浮體陣邊緣的供電區，該複數個供
電區與設置在該浮體陣頂部的複數個太陽能光電轉換模組電
連接。

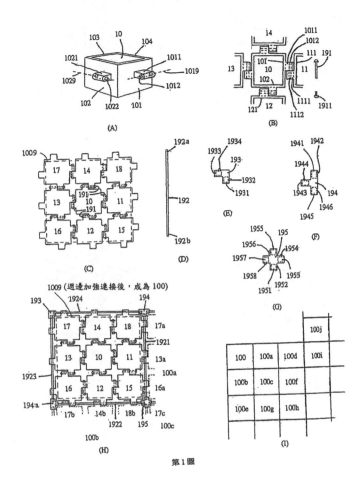

第1圖

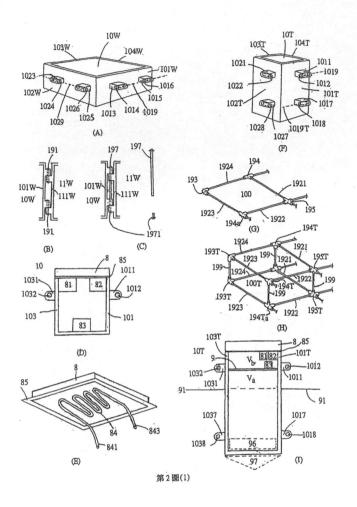

第 2 圖(1)

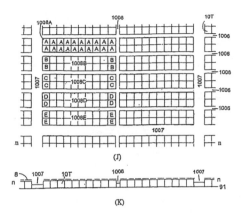

(J)

(K)

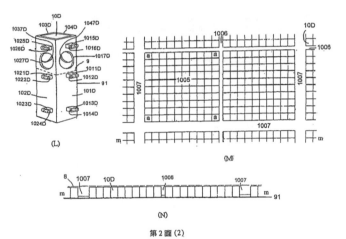

(L)

(M)

(N)

第2圖 (2)

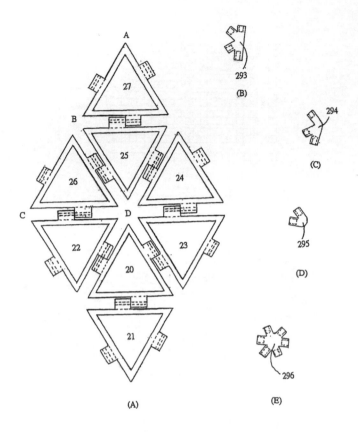

(A)

(B) 293

(C) 294

(D) 295

(E) 296

第3圖

92

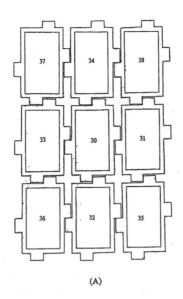

(A)

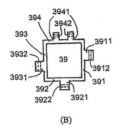

(B)

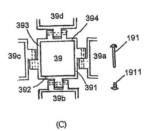

(C)

第 4 圖

93

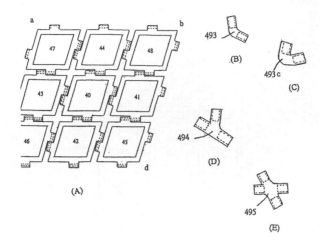

(A)

(B)

493

493c

(C)

494

(D)

495

(E)

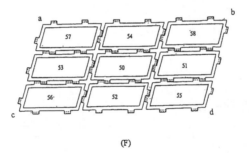

(F)

第 5 圖

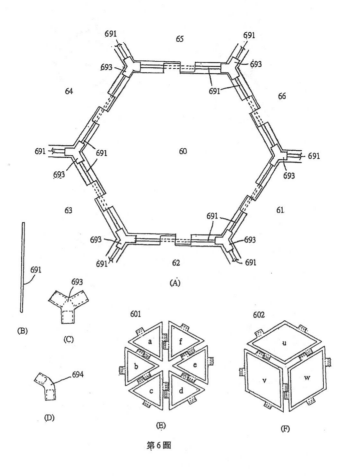

第6圖

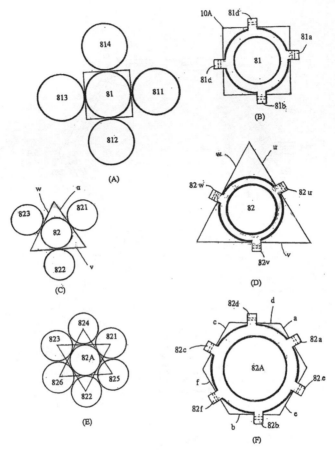

第 7 圖

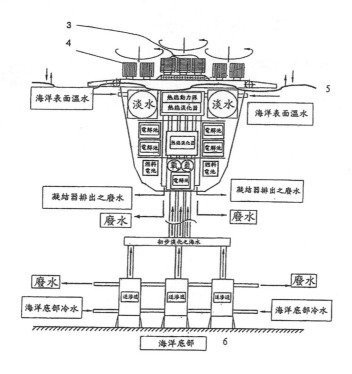

第8圖

97

附件三是相同案件的大陸專利公告，實用新型 ZL2010205484709 號。

(19)中华人民共和国国家知识产权局

(12)实用新型专利

(10)授权公告号 CN 201846255 U
(45)授权公告日 2011.05.25

(21)申请号 201020548470.9

(22)申请日 2010.09.29

(73)专利权人 夏鑽禧
　　地址

(72)发明人 夏鑽禧

(74)专利代理机构

　　代理人

(51)Int.CI.
　　HO2N 6/00(2006.01)
　　B63B 35/44(2006.01)

权利要求书 2 页　　说明书 12 页　　附图 14 页

(54)实用新型名称
一种使用于海洋表面的太阳能光伏发电装置

(57)摘要

本实用新型公开了一种使用于海洋表面的太阳能光伏发电装置，其特征在于每个基本浮体的每一外壁面设有至少一个连接件，每两个相邻基本浮体之间通过连接件配对连接，多个基本浮体的配对连接件之间通过基本连接装置连接成一个准备加强区，多个准备加强区之间通过加强连接装置连接成浮体阵。浮体阵上方设有一工作通路网，浮体阵顶部设置太阳能光伏发电模块。本实用新型可以使用在地球上任何海洋湖泊表面，将表面的太阳光能转换成电能。本实用新型的优点在于组成的浮体阵的俯视面积可以达到数百平方公里以上，因此能充分利用海洋湖泊表面的太阳能进行发电，因此能够生产大量能源，特别适用于陆地面积较小的岛屿地区。

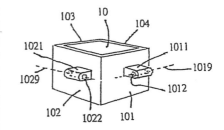

1. 一种使用于海洋表面的太阳能光伏发电装置,包括由多个基本浮体组成的浮体阵,其特征在于每个基本浮体的每一外壁面设有至少一个连接件,每两个相邻基本浮体之间通过连接件连接,组成一浮体阵,该浮体阵上方设有一工作通路网,该浮体阵顶部设置多个太阳能光伏发电模块。

2. 如权利要求 1 所述的太阳能光伏发电装置,其特征在于该多个基本浮体的配对连接件之间通过基本连接装置连接成一个准备加强区,该多个准备加强区之间通过加强连接装置连接成一浮体阵。

3. 如权利要求 2 所述的太阳能光伏发电装置,其特征在于该基本浮体每一外壁面均设有至少一个连接件,每一连接件均设有一水平贯穿圆孔,两个相邻基本浮体的两个相对应的连接件配对,该每组配对连接件的两个贯穿圆孔的轴心线位于同一条水平直线上,该基本连接装置包括一个短柱轴和一个与之配合的螺丝,该短柱轴穿入两个相邻基本浮体的配对连接件的贯穿圆孔内,该短柱轴一端为螺帽,另一端设有螺孔,该螺丝螺入该螺孔内,将上述两个相邻基本浮体连接起来,把所有相邻配对的连接件连接,将多个基本浮体连接成一个准备加强区。

4. 如权利要求 3 所述的太阳能光伏发电装置,其特征在于位于该准备加强区外围任一周边的多个连接件的贯穿圆孔位于同一条水平线上;该加强连接装置包括多根加强杆和多个转角固定器,上述位于同一条水平线上的多个连接件的贯穿圆孔内穿入一根加强杆,多根加强杆之间通过转角固定器连接,形成一个呈多边形的加强区,其中该多边形加强区的每一周边设有一根加强杆,该多边形加强区的每个角设有一个转角固定器,两个相邻加强区的对应边的连接件相互配对,共用一根加强杆,多个相邻加强区的对应角之间共用一个转角固定器,将相邻的准备加强区连接起来,连接所有准备加强区,形成该浮体阵。

5. 如权利要求 4 所述的太阳能光伏发电装置,其特征在于该基本浮体每一外壁面均设有位于同一水平线或同一垂直线上的两个或两个以上连接件。

6. 如权利要求 5 所述的太阳能光伏发电装置,其特征在于该基本浮体的每一外壁面均设有位于同一水平线上的至少两个连接件,该至少两个连接件设有具有同一轴心线及同一直径的水平贯穿圆孔,该轴心线在水平方向,且与所述外壁面平行,一中柱轴穿入两个相邻基本浮体的所有配对连接件的水平贯穿圆孔内,该中柱轴的一端为螺帽,另一端设有螺孔,一螺丝螺入该螺孔内,锁紧固定,将上述两个相邻基本浮体连接起来。

7. 如权利要求 5 所述的太阳能光伏发电装置,其特征在于该基本浮体的每一外壁面均设有位于同一垂直线至少两层连接件,每层连接件之间通过位于该层的加强杆连接,每层加强杆之间通过位于该层的转角固定器连接,该相邻两层转角固定器分别增设对应的垂直方向固定座,位于相邻两层转角固定器的对应垂直方向固定座之间,增设垂直加强杆连接。

8. 如权利要求 1 所述的太阳能光伏发电装置,其特征在于该基本浮体内部设有一个位于水位线上方的隔板,该隔板为一不透水的隔离层,该隔板与该基本浮体外部的水位线之间的该基本浮体内部的体积,不小于该隔板上方基本浮体内部的体积;该隔板上方设有一冷却水管路,该冷却水管路紧贴该太阳能光伏发电模块的下方,该冷却水管路一端为入水口,另一端为出水口。

9. 如权利要求 1 所述的太阳能光伏发电装置,其特征在于该工作通路网内的基本浮体上方均铺设平板,该工作通路网包括设在平板上的多条人行道及车行道、多个维修区以及

多个位于浮体阵边缘的供电区，该供电区与设置在浮体阵顶部的多个太阳能光伏发电模块电连接。

10. 如权利要求 2 所述的太阳能光伏发电装置，其特征在于该基本浮体的俯视形状为正方形、正三角形、长方形、菱形、平行四边形、不等边三角形、正六边形以及圆形中的任何一种，该俯视形状为正六边形以及圆形的基本浮体组成的准备加强区仅包含一个基本浮体。

一种使用于海洋表面的太阳能光伏发电装置

技术领域：

[0001]　　本实用新型涉及太阳能发电领域，具体涉及一种在利用大面积水面设置太阳能光伏发电模块的太阳能光伏发电装置。

背景技术：

[0002]　　现有技术中，在海洋表面，把太阳能转换成电能的系统有：如 2000 年公告的美国专利第 6,100,600 号，提出了一种海洋能源站，该能源站的底部，固定在 800 米到 1,000 米深的海底海床上，该能源站的顶部是一个平台，露出海面，该平台上装设有多组陆地上使用的太阳能光伏发电模块，该多组太阳能光伏发电模块使用现有的光伏作用直接把太阳光的光能转换成电能。该能源站主要以海洋温差和海浪的动能发电，并以海底的海水压力淡化海水，由于该海面平台的顶部面积相当有限，所以光伏作用所产生的电能，在该能源站产生的总能量中，只占有很小的百分比。该太阳能光伏发电模块接受太阳光的方向，是根据该能源站所在位置的纬度向赤道倾斜，以便吸收最大量的太阳光，并且可以沿通过该太阳能光伏发电模块的中心点的垂直轴线作东西方向旋转，以配合日出及日落，得到最大量的太阳光。

实用新型内容：

[0003]　　本实用新型的目的是提供一种使用于海洋表面的太阳能光伏发电装置。

[0004]　　为了实现上述目的，本实用新型的技术方案是：一种使用于海洋表面的太阳能光伏发电装置，包括由多个基本浮体组成的浮体阵，其特征在于每个基本浮体的每一外壁面设有至少一个连接件，每两个相邻基本浮体之间通过连接件连接，组成一浮体阵，该浮体阵上方设有一工作通路网，该浮体阵顶部设置多个太阳能光伏发电模块。该多个基本浮体的配对连接件之间通过基本连接装置连接成一个准备加强区，该多个准备加强区之间通过加强连接装置连接成一浮体阵。该基本浮体每一外壁面均设有至少一个连接件，每一连接件均设有一水平贯穿圆孔，两个相邻基本浮体的两个相对应的连接件配对，该每组配对连接件的两个贯穿圆孔的轴心线位于同一条水平直线上，该基本连接装置包括一个短柱轴和一个与之配合的螺丝，该短柱轴穿入两个相邻基本浮体的配对连接件的贯穿圆孔内，该短柱轴一端为螺帽，另一端设有螺孔，该螺丝螺入该螺孔内，将上述两个相邻基本浮体连接起来，把所有相邻配对的连接件连接，将多个基本浮体连接成一个准备加强区。位于该准备加强区外围任一周边的多个连接件的贯穿圆孔位于同一条水平线上；该加强连接装置包括多根加强杆和多个转角固定器，上述准备加强区外围，位于同一条水平线上的多个连接件的贯穿圆孔内穿入一根加强杆，多根加强杆之间通过转角固定器连接，形成一个呈多边形的加强区，其中该多边形加强区的每一周边设有一根加强杆，该多边形加强区的每个角设有一个转角固定器，两个相邻加强区的对应边的连接件相互配对，共用一根加强杆，多个相邻加强区的对应角之间共用一个转角固定器，将相邻的准备加强区连接起来，连接所有准备加强区，形成该浮体阵。

[0005]　　该浮体阵中基本浮体与相邻基本浮体之间的基本连接，一律以铰链式连接为主，

101

所有连接件可以配合海洋面的海浪，略有上下活动，并可对该基本连接装置的短柱轴做纳米级的旋转。一般而言，俯视形状为三边以上的基本浮体，任何一边的长度超过1个水平基本长度以上时，每增加1个水平基本长度，该边在水平方向必须至少增加1个连接件，以维持该边与相邻基本浮体的相对应边之间在同一水平方向的有效连接，并减少各单独连接件在基本连接完成后，受力破坏以致损毁的可能性。所以，对于周边比较长的正多边形基本浮体来说，该基本浮体的每一外壁面均设有位于同一水平线上的至少两个连接件，该至少两个连接件设有具有同一轴心线及同一直径的水平贯穿圆孔，该轴心线在水平方向，且与所述外壁面平行，一中柱轴穿入两个相邻基本浮体的所有配对连接件的水平贯穿圆孔内，该中柱轴的一端为螺帽，另一端设有螺孔，一螺丝螺入该螺孔内，锁紧固定，将上述两个相邻基本浮体连接起来。一般而言，如果基本浮体在垂直方向上的深度超过1个垂直基本长度以上时，每增加1个垂直基本长度，该基本浮体的任一边也必须在垂直方向增加1个水平连接件，以保持该基本浮体与相邻基本浮体之间的连接在垂直方向的稳定性。所以，比较深的基本浮体在垂直方向，可能有两个以上在不同水平面上的连接件，这些基本浮体在组成加强区时，在垂直方向的连接件分别各自以加强杆和转角固定器在各自的水平面上形成一层加强连接。相邻的任意两层之间，除了上下两层各自完成水平方向的加强连接外，各加强区的相邻上下两层之间也必须用垂直加强连接装置配合连接。所以，对于垂直方向深度比较长的基本浮体来说，该基本浮体的每一外壁面均设有位于同一垂直线至少两层连接件，每层连接件之间通过位于该层的加强杆连接，每层加强杆之间通过位于该层的转角固定器连接，该相邻两层转角固定器分别增设对应的垂直方向固定座，位于相邻两层转角固定器的对应垂直方向固定座之间，增设垂直加强杆连接。超过两层以上的连接件完成加强连接后，该浮体阵中所有的加强连接装置就形成了一个三维空间的加强杆骨架结构，该三维空间的加强杆骨架结构有助于该浮体阵在海洋面上的稳定性。

[0006]　　该基本浮体内部设有一个位于水位线上方的隔板，该隔板为一不透水的隔离层，该隔板与该基本浮体外部的水位线之间的该基本浮体内部的体积，不小于该隔板上方基本浮体内部的体积，可保证该基本浮体不会沉没；该隔板上方设有一冷却水管路，该冷却水管路紧贴在该太阳能光伏发电模块的下方，该冷却水管路一端为入水口，另一端为出水口。工作道路网内的基本浮体上方均铺设平板，该工作道路网包括设在平板上的多条人行道及车行道、多个维修区以及多个位于浮体阵边缘的供电区，该供电区与设置在浮体阵顶部的多个太阳能光伏发电模块电连接，该多个维修区供维修工作人员使用。该基本浮体的俯视形状为正方形、正三角形、长方形、菱形、平行四边形、不等边三角形、正六边形以及圆形中的任何一种。该俯视形状为正六边形以及圆形的基本浮体组成的准备加强区仅包含一个基本浮体。该浮体阵需用铁锚，以类似船舶的方式固定在海洋面上。

[0007]　　本实用新型可以使用在地球上任何海洋湖泊表面，将表面的太阳光能转换成电能。本实用新型的优点在于组成的浮体阵的俯视面积很大，可以达到数百平方公里以上，因此能充分利用海洋湖泊表面的太阳能进行发电，因此能够提供大量能源，特别适用于陆地面积较小的岛屿地区附近的海洋表面。

附图说明：

[0008]　　图1为本实用新型第一实施例的基本浮体组成加强区的示意图

[0009]　其中图 1a 为基本浮体的立体图

[0010]　图 1b 为基本浮体之间的连接示意图

[0011]　图 1c 为多个基本浮体组成准备加强区的连接示意图

[0012]　图 1d 为加强杆的结构示意图

[0013]　图 1e～1g 为三种转角固定器的结构示意图

[0014]　图 1h 为利用加强杆和转角固定器对准备加强区完成加强连

[0015]　接后形成加强区的结构示意图

[0016]　图 1i 为多个加强区形成浮体阵的示意图

[0017]　图 2 为本实用新型第一实施例的基本浮体的改进形式及加强连接装置的示意图

[0018]　其中图 2a 为基本浮体的一种改进形式的立体图

[0019]　图 2b 为两个相邻基本浮体之间的连接示意图

[0020]　图 2c 为两个相邻基本浮体之间的另一种基本连接示意图

[0021]　图 2d 为基本浮体的垂直剖面

[0022]　图 2e 为太阳能光伏发电模块的下方底部示意图

[0023]　图 2f 为基本浮体的另一种改进形式的立体图

[0024]　图 2g 为由加强杆和转角固定器组成的单层加强连接装置

[0025]　图 2h 为由加强杆和转角固定器组成的双层加强连接装置

[0026]　图 2i 为图 2f 的基本浮体的垂直剖面图

[0027]　图 2j 为图 2f 中基本浮体组成的浮体阵的俯视图

[0028]　图 2k 为图 2j 中 n-n 剖视图

[0029]　图 2L 为另一种基本浮体的结构示意图

[0030]　图 2m 为图 2L 中基本浮体组成浮体阵的俯视图

[0031]　图 2n 为图 2m 下方 m-m 连线的垂直剖视图

[0032]　图 3 为本实用新型第二实施例的结构示意图

[0033]　其中图 3a 为三角形基本浮体组成加强区的示意图

[0034]　图 3b～3e 为四种转角固定器的结构示意图

[0035]　图 4 为本实用新型第三实施例的加强区的示意图

[0036]　其中图 4a 为该实施例的一种实现方式

[0037]　图 4b 为该实施例另一种实现方式正方形基本浮体示意图

[0038]　图 4c 为图 4b 的基本浮体之间的连接示意图

[0039]　图 5 为本实用新型第四实施例的结构示意图

[0040]　其中图 5a 为平行四边形基本浮体组成加强区的示意图

[0041]　图 5b～5e 为四种转角固定器的结构示意图

[0042]　图 5f 为该实施例的另一种实现方式

[0043]　图 6 为本实用新型第五实施例的结构示意图

[0044]　其中图 6a 为正六边形基本浮体组成加强区的示意图

[0045]　图 6b 为加强杆的结构示意图

[0046]　图 6c～6d 为两种转角固定器的结构示意图

[0047]　图 6e 为由六个俯视形状为三角形的基本浮体组成的准备加强区

[0048]　　图 6f 为由三个俯视形状为正菱形的基本浮体组成的准备加强区

[0049]　　图 7 为本实用新型第六实施例的结构示意图

[0050]　　其中图 7a 为圆形基本浮体的一种连接示意图

[0051]　　图 7b 为图 7a 中基本浮体的放大图

[0052]　　图 7c 为圆形基本浮体的另一种连接示意图

[0053]　　图 7d 为图 7c 中基本浮体的放大图

[0054]　　图 7e 为圆形基本浮体的另一种连接示意图

[0055]　　图 7f 为图 7e 中基本浮体的放大图

具体实施方式：

[0056]　　图 1 是俯视形状为正方形的基本浮体组成加强区的示意图。图 1a 为该基本浮体的立体图。该俯视形状为正方形的基本浮体 10，具有四个完全相同的外壁 101，102，103，104；该外壁 101 的外壁面设有一个向外突出的连接件 1011，该连接件 1011 的前端有一水平贯穿圆孔 1012，该圆孔的轴心线 1019 是水平方向，且与该外壁 101 平行；外壁 102 的壁面外侧设有一个向外突出的连接件 1021，该连接件 1021 的前端有一水平贯穿圆孔 1022，该圆孔的轴心线 1029 是水平方向，且与外壁 102 平行；两根轴心线 1019 和 1029 在同一平面上，成垂直相交。图 1b 为该基本浮体与相邻四个基本浮体 11，12，13，14 在完成连接状态之前的示意图。该俯视形状为正方形的基本浮体 10 在准备连接状态时的特征在于：当该基本浮体 10 的任一壁面（如 101）与另一相同基本浮体 11 的任一壁面（如 111）并排连接时，该壁面 101 与该相邻的基本浮体 11 的壁面 111 之间的一组配对连接件（如 1011 和 1111），均能密切连接成一体，该连接件 1011 上的贯穿圆孔 1012 与相连接的该连接件 1111 的贯穿圆孔 1112 同轴，以一短轴柱 191 穿过两个相邻的贯穿圆孔 1012 和 1112，该短轴柱 191 一端带螺帽，另一端设有螺孔，一螺丝 1911 的螺纹端螺入该短轴柱 191 的螺孔内，锁紧固定，完成基本连接。图 1c 是以该基本浮体 10 为中心，首先完成该基本浮体 10 与相邻基本浮体 11，12，13，14 之间的连接，分别各自通过一根短轴柱 191 和一螺丝 1911 完成配对连接件之间的基本连接，再陆续将另外四个基本浮体 15，16，17，18 以基本连接方式连接成准备加强区 1009，该准备加强区 1009 周边的所有连接件均未连接。接着就可以使用加强连接装置对该准备加强区 1009 的四个周边进行加强连接。该加强连接装置包括四根长柱轴形的加强杆 192，图 1d 为该加强杆 192 的结构示意图，每根加强杆 192 穿过该准备加强区 1009 一条边上的多个连接件的贯穿圆孔，进行加强连接。图 1c 只是一个准备加强区的实施例，一个准备加强区可以由四个基本浮体、九个基本浮体、十六个基本浮体或其他数量的基本浮体组成。该加强连接装置除了所述该加强杆 192 外，另外在准备加强区的转角位置还配合使用与转角数目相同的转角固定器。图 1e ～ 1g 为三种转角固定器 193，194，195 的结构示意图。图 1e 中的该转角固定器 193 为 L 形转角固定器，可以把两根呈直角的加强杆 192 的任一端 192a 或 192b 分别伸入该 L 形转角固定器两端的固定座 1931，1933 后，再分别使用两个固定螺丝 1932，1934 锁紧固定。图 1f 中的该转角固定器 194 为 T 形转角固定器，该 T 形转角固定器设有三个固定座 1941，1943，1945，可以固定三根呈 T 形设置的加强杆 192 的端部，再分别使用固定螺丝 1942，1944，1946 锁紧固定。图 1g 中的转角固定器 195 为十字形转角固定器，该十字形转角固定器设有四个固定座 1951，1953，1955，1957，除了固定两根

104

垂直的加强杆外,还可以固定另一加强区的两根垂直的加强杆,再分别使用固定螺丝 1952,1954,1956,1958 锁紧固定。有了这三种转角固定器后,可以用加强区作为连接单位,连接组成一个大面积的浮体阵。图 1h 是把该准备加强区 1009 的四个周边及四个转角位置分别采用该加强连接装置的四根加强杆配合四个转角固定器 193,194,194a,195 完成加强连接形成一加强区的示意图,其中上方的加强杆 1924 的左端及左边加强杆 1923 的上端通过 L 形转角固定器 193 连接固定,加强杆 1924 的右端及右边加强杆 1921 的上端通过 T 形转角固定器 194 连接固定,该 T 形转角固定器 194 的第三个未用到的固定座,用来连接左边另一个加强区 100a 的加强杆,加强杆 1921 除了贯穿连接加强区 100 的最右方三个分别属于三个基本浮体 18,11,15 的三个连接件之外,同时也贯穿连接属于右边另一加强区 100a 最左边的分别属于三个基本浮体 17a,13a,16a 的三个连接件,完成这两个加强区 100、100a 之间的连接。加强杆 1923 的下端及下方加强杆 1923 的左端通过另一 T 形转角固定器 194a 连接固定,该 T 形转角固定器 194a 的第三个未用到的固定座用来连接下方另一加强区 100b 的另一根加强杆,加强杆 1921 的下端及下方加强杆 1922 的右端,采用十字形转角固定器 195 连接固定,该十字形转角固定器 195 的另外两个未用到的固定座用来固定连接另外三个加强区 100a,100b 和 100c 的两根加强杆。图 1i 是以加强区为单位,以加强区 100 为中心,逐步连接 100a,100b,100c,100d,100f,100g,100h,100i,100j……,最终形成大面积的浮体阵的示意图。在该浮体阵内上方规划工作通路网,如人行道、车行道、维修区以及多个位于浮体阵边缘的供电区。该浮体阵的俯视面积可达到数百平方公里。

[0057]　　图 2 是本实用新型第一实施例的基本浮体的改进形式及加强连接装置的示意图。图 2a 为该基本浮体 10 的一种改进形式的立体图。图 2a 中的基本浮体 10W 的俯视形状为正方形,但是其每边的长度较大,超过了一个水平基本长度,因此每个壁面必须在水平方向设置两个连接件,才能维持连接的稳定。该基本浮体 10W 有四个完全相同的外壁 101W,102W,103W,104W;该外壁 101W 的壁面外侧设有位于同一水平面上的两个突出的连接件 1013,1015,该连接件 1013 设有水平贯穿圆孔 1014,该连接件 1015 设有水平贯穿圆孔 1016,该两个贯穿圆孔 1014,1016 具有同一轴心线 1019 及同一直径,该轴心线 1019 在水平方向,且与外壁 101W 平行;该外壁 102W 的壁面外侧设有位于同一水平面上的两个或两个以上突出的连接件 1023,1025,连接件 1023 设有水平贯穿圆孔 1024,连接件 1025 设有水平贯穿圆孔 1026,该两个贯穿圆孔 1024,1026 具有同一轴心线 1029 及同一直径,该轴心线 1029 在水平方向,且与外壁 102W 平行;该两条轴心线 1019 和 1029 在同一水平面上,呈垂直相交。一般而言,俯视形状为三边以上的基本浮体,任何一边的长度超过 1 个水平基本长度以上时,每增加 1 个水平基本长度,该边在水平方向必需增加 1 个连接件,以维持该边与相邻基本浮体的相对应边之间水平方向的有效连接,并减少各单独连接件在基本连接完成后受力破坏以致损毁的可能性。该水平基本长度的具体长度取决于浮体材料、基本浮体外壁厚度、连接件构造、以及海洋位置等因素,不同材料的基本浮体在不同的海洋位置,及使用不同的连接件均可能具有不同的水平基本长度,需要根据实际情况测量得到。

[0058]　　图 2b 是该基本浮体 10W 与另一同样的基本浮体 11W 相连接时,可以使用两个相同的短柱轴 191,以及与之配合的螺丝 1911,把相互连接贯通的两组连接件分别完成基本连接。图 2c 则是用一根中柱轴 197,一次贯通该两个基本浮体 10W,11W 的两个相邻外壁面 101W,111W 上的所有连接件,该中柱轴 197 的一端为螺帽,另一端设有螺孔,一螺丝 1971 螺

入该螺孔内,锁紧固定,完成基本连接。这种一次连接两个相邻基本浮体之间的同一水平线上所有连接件的基本连接结构,比较有效及稳定。

[0059]　　图 2d 为该基本浮体 10 的垂直剖面图。该图是以赤道附近的海洋表面考虑,该基本浮体 10 的上方水平覆盖有一太阳能光伏发电模块 8,该太阳能光伏发电模块 8(Photovoltaic Solar Cell Module) 的表面是不透水的保护面;基本浮体 10 内部安装一个可重复充电的电池 81(Rechargeable Battery),该电池 81 与太阳能光伏发电模块 8 电连接;该电池 81 由该太阳能光伏发电模块 8 充电;该电池 81 提供该太阳能光伏发电模块 8 内部附设的测试电路的电力。该测试电路再把有关该太阳能光电模组 8 的操作参数提供给维修区内之一控制中心侦测使用;同时,该电池也提供另外两个小水泵 82、83 必要的电力,该小水泵 82 提供冷却水管路的动力,用于冷却该太阳能光伏发电模块 8,该小水泵 83 用于排出渗入基本浮体内部的海水,使基本浮体内部保持干燥。图 2e 是该太阳能光伏发电模块 8 的下方底部示意图,该太阳能光伏发电模块 8 通过一固定座 85 固定在该基本浮体 10 的上方,该固定座 85 上设有一冷却水管路 84,该冷却水管路 84 紧贴在该太阳能光伏发电模块 8 的下方,该冷却水管路一端为入水口 841,另一端为出水口 843,该小水泵 82 从该基本浮体 10 底部以下抽取的海水从该入水口 841 流入该冷却水管路 84,冷却该太阳能光伏发电模块 8 后,经由该出水口 843 自该基本浮体 10 的上方排出,流入海洋。

[0060]　　在中纬度或高纬度的海洋表面,为了该太阳能光伏发电模块表面能吸收最大量的太阳光,需根据海洋位置的纬度,在北半球向南倾斜固定,在南半球向北倾斜固定;在此情况下,在本实用新型中,在所有基本浮体的上部,一律用平板密封,形成一个大平台,将多个太阳能光伏发电模块一律固定在该大平台上,并配合以适当的倾斜角度,使得该多个太阳能光伏发电模块的表面都能吸收最大量的太阳光。由于受阴影的影响,并不是所有的基本浮体上方都有一个太阳能光伏发电模块。

[0061]　　图 2f 为基本浮体 10 的另一种改进形式的立体图。该基本浮体 10 在垂直方向的纵深增加后,该基本浮体 10 改变为基本浮体 10T。由于纵深的增加,必须增加每一周边垂直方向的连接件数目,才能维持垂直方向的稳定连接。一般来说,任何固定型的基本浮体,如果垂直方向的深度超过 1 个垂直基本长度以上,每增加 1 个垂直基本长度,该基本浮体的任一边都必需在垂直方向增加 1 个水平方向的连接件,以保持该基本浮体与相邻基本浮体之间的连接,在垂直方向的稳定性。需要注意的是,各种材料的基本浮体在不同的海洋位置,及使用不同的连接件,或者不同的外壁厚度,其水平基本长度均不一样,其垂直基本长度也不一样,由于受力的状况不一样,同一材料的基本浮体在同一海洋位置及同一连接件构造下,水平基本长度也不等于其垂直基本长度。所以该基本浮体 10T 组成的准备加强区在垂直方向,有上下两层加强杆和转角固定器,分别环绕该准备加强区的各个周边形成一加强区;该加强区的上下两层之间,每一个转角固定器的位置也需要增加一根垂直加强杆,以及用增加原转角固定器在垂直方向的固定座的方式,配合连接。图 2f 中的基本浮体 10T 具有四个完全相同的周边外壁 101T、102T、103T、104T;该外壁 101T 的壁面上部有一水平方向连接件 1011,该连接件 1011 的前端设有一贯穿圆孔 1012,该贯穿圆孔 1012 具有水平方向的轴心线 1019;该外壁 101T 的壁面下部也设有一水平方向的连接件 1017,该连接件 1017 的前端有一贯穿圆孔 1018,该贯穿圆孔 1018 具有水平方向的轴心线;该两个轴心线 1019、1019T 均与外壁 101T 的壁面平行,该两个轴心线 1019、1019T 在同一垂直纵切面上。当该周边外

壁 101T 与相邻基本浮体任一壁面配合连接时,该壁面 101T 的上下两个连接件 1011,1017 必须各自与相对应的连接件配对连接,形成两组互相平行的基本连接。合适数量的该基本浮体 10T 组成一加强区 100T 时,会有上、下两层同样的加强杆连接,该上、下两层加强杆结构每一层都有四个转角位置,此时必须考虑上下两层转角固定器的垂直方向的加强连接,才可以真正完成加强连接。图 2g 是图 1a 中基本浮体组成加强区 100 的加强连接装置的结构图,在这里只保留了所有的加强杆及转角固定器,以供比较。图 2h 是图 2f 中的基本浮体 10T 组成加强区 100T 的加强连接装置的结构图。比较图 2h 和图 2g,可以清楚地看出,在图 2h 的上、下两层加强杆之间,在四个转角固定器的位置都多出一根垂直加强杆 199,该四根垂直加强杆 199 分别连接四组在不同垂直线上的转角固定器 193T,194T,194Ta,195T,转角固定器 193T 比转角固定器 193 多出了一个垂直方向的固定座,其它三个转角固定器 194T,194Ta,195T 的情况也是一样。该上、下两层各四个转角固定器,每一个都增加一个垂直方向的固定座,用来连接四根垂直加强杆 199 后,该加强区 100T 周边所有的加强杆形成了一个三维空间的加强杆骨架结构,如图 2h 所示。该三维空间的加强杆骨架结构,明显比图 2g 中的平面结构更为稳定。图 2i 是该纵深增加后的基本浮体 10T 的垂直剖视图,与原来图 2d 中的基本浮体相比较,该基本浮体 10T 内部比原基本浮体 10 多增加了一个位于水位线 91 上方的隔板 9,该隔板 9 与该基本浮体外部的水位线 91 之间,该基本浮体 10T 内部的体积 Va,如果不小于该隔板 9 上方基本浮体 10T 内部的体积 Vb,则该基本浮体 10T 就不会沉没;该隔板 9 为一不透水的隔离层,其上方也同样可以安装一电池 81 和两个小水泵 82,83;该基本浮体 10T 下方,比该基本浮体 10 多出一组呈左右对称的连接件 1017,1037。由于很多相同的基本浮体的重量未必完全相同,有些基本浮体的重量分布并不均匀,或者该基本浮体上方的载重负荷不同(所谓载重,即工作通路网,太阳能光伏发电模组,以及三维空间的加强杆骨架结构等等),因此在该基本浮体 10T 的底部设有调节平衡部件 96,该调节平衡部件 96 可以是液体,如海水,可以在该基本浮体底部的分隔区域内引入或抽出海水来调节该基本浮体的平衡;该调节平衡部件 96 也可以是固体,在该基本浮体 10T 底部特定位置固定大小不同的块状物体来调节该基本浮体的平衡。该基本浮体 10T 底部可以螺固或焊固的方式,加装一倒锥形底座 97,以增加在海洋中的稳定性。在该实施例中该基本浮体 10T 为正方形,则该倒锥形底座 97 为倒金字塔,当然,该基本浮体 10T 的底部也可以一开始就做成倒锥形。比该基本浮体 10T 更深的基本浮体,如果在垂直方向,这些加强区的周边使用的加强连接装置超过两层以上完成加强连接后,任何相邻两层之间都必需用增加垂直加强杆及增设转角固定器在垂直方向的固定座的方式来加强连接。该浮体阵中所有加强连接装置,形成了一个更坚固的三维空间的加强杆骨架结构,该三维空间的加强杆骨架结构有助于浮体阵在海洋面上的稳定性。

[0062]　　图 2j 是以图 2f 中基本浮体 10T 为单位浮体组成浮体阵的俯视图。图中所有的小方格分别表示一个基本浮体 10T,例如右上角的小方格 10T 表示一个基本浮体,20 个基本浮体组成一个加强区 1008A,在加强区 1008A 的下方有四个同样的长方形加强区 1008B,1008C,1008D 及 1008E。由于该基本浮体 10T 内部上方隔板 9 与太阳能光伏发电模块 8 之间的距离较短,当任何一个基本浮体 10T 需要维修时,只能从侧面维修,不能像地面上大厦屋顶的光伏发电模块那样可以自下方维修。所以浮体阵上方必须预留维修用的工作通路,该工作通路主要包括多条车行道 1007,多条人行道 1006,如图 2j 所示。该工作通路占用该

浮体阵相当大的面积,形成资源浪费。除了这些工作通路外,该浮体阵上方还必须另外规划多个必要的维修区及多个位于该浮体阵边缘的供电区,组成一个工作通路网。

[0063]　　图2k是图2j下方n-n连线的垂直剖视图。每一个方格均表示一个基本浮体10T,该基本浮体10T的上方均设有一太阳能光伏发电模块8,在图中以直线表示;该基本浮体10T在水位线91下方的部分均未画出。如图2j所示,该多条车行道1007及人行道的上方没有任何太阳能光伏发电模块。

[0064]　　为了改进上述资源浪费的问题,该基本浮体10T必须改进设计,在图2j的基本浮体10T上方向上延伸一段成为另一基本浮体10D,如图2L所示。该基本浮体10D的中下部分与原基本浮体10T相同,唯其上方较该基本浮体10T延伸出一段,该基本浮体10D的四个外壁面上部均设有一大孔,如该外壁面101D上部有一大孔1017D,该外壁面102D上部有一大孔1027D,外壁面103D上部有一大孔1037D,外壁面104D上部有一大孔1047D。该四个大孔1017D,1027D,1037D,1047D均为同样大小,可以让工作人员顺利进出,以便自下方维修安装在顶部的太阳能光伏发电模块8,隔板9以及水位线91均已显示在图2L上。

[0065]　　图2m为以10D为基本浮体组成浮体阵的俯视图。加强区1005由100个基本浮体10D组成,由于维修人员可以在各基本浮体10D之间自由进出,且可以自下方维修各太阳能光伏发电模块8。如图2m所示,该浮体阵上方已尽量减少了人行道1006的数目。该加强区1005是由图2j中的5个加强区1008A,1008B,1008C,1008D,1008E及它们之间的人行道合并而成。图2n是图2m下方m-m连线的垂直剖视图。由于车行道1007和人行道1006的上方有足够的空间,所以也可以安装太阳能光伏发电模块,形成与陆地上大厦顶端的太阳能光伏发电模块同样的结构,大大减少了资源浪费。

[0066]　　图3为本实用新型第二实施例的结构示意图。图3a是俯视形状为正三角形的基本浮体组成加强区的示意图。俯视形状为正三角形的基本浮体20的三条边分别与另外三个同样的基本浮体21,22,23的任何一边连接,与图1中俯视形状为正方形的基本浮体采用完全相同的基本连接。图3所示的加强区是由八个基本浮体20,21,22,23,24,25,26,27组成。该加强区的俯视形状为菱形,与该基本浮体20的俯视形状为正三角形不同,所以加强区的俯视形状与基本浮体的俯视形状无直接关系。图3a只是显示了众多可能的加强区中的一种。很明显,图3a也可能是由两个比较小的正三角形加强区组成。例如该四个基本浮体20,21,22,23可以组成一个小加强区,另一个相同的小加强区则由另四个基本浮体24,25,26,27组成。加强区的周边都用合适长度的加强杆配合适当形状的转角固定器组成加强连接装置,用以连接固定。对基本浮体的俯视形状是正三角形的加强区来说,可能的转角固定器的俯视形状如图3b～3e所示:连接两根加强杆的转角固定器295,该转角固定器295的两个连接座的夹角为60度,适合用于图3a中的A点;连接三根加强杆的转角固定器294,该转角固定器294的三个连接座分别位于0度,60度和120度,适合用于图3a中的C点;连接四根加强杆的转角固定器293,该转角固定器的四个连接座分为位于0度,60度,120度和180度,适合用于图3a中的B点;连接六根加强杆的转角固定器296,该转角固定器的六个连接座的相邻两个连接座之间的夹角均为60度,适合用于图3a的D点。本段所讨论的两种不同的准备加强区,外围周边都使用同一长度的加强杆来连接所有的周边。

[0067]　　图4是本实用新型第三实施例的加强区的示意图,该实施例中采用俯视形状为长方形的基本浮体30组成加强区。俯视形状为长方形的基本浮体30的四条边分别与另外四

个相同的基本浮体 31,32,33,34 的相应边连接。由于该基本浮体 30 的四条边并非同样长度,其中两个相等的长周边必须与另外两个基本浮体 31,33 的任一长周边连接,该基本浮体的另两个相等的短周边则必须与另外两个基本浮体 32,34 的任一短周边连接。图 4a 所示的加强区的周边必须用两种不同长度的加强杆各两根,以及与俯视形状为正方形的基本浮体 10 所使用的完全相同的转角固定器组成加强连接装置,继续进行连接固定,最后成为一浮体阵。

[0068]　在第三实施例的另一实施方式中,俯视形状是正方形的基本浮体,虽然有相同长度的四条边,但是该四条边的外壁面上的连接件结构并不一定完全相同。例如:该基本浮体 39 的两组对边的配对连接件结构可以不同;或者,该基本浮体的两组对边的配对连接件数目可以不同。图 4b 是俯视形状为正方形的基本浮体 39 的俯视图。该基本浮体 39 具有四个等长周边 391,392,393,394,该四个等长周边 391,392,393,394 分成两组对边,该第一组对边包括两个周边 391,393,在该两个周边 391,393 的外壁面上,设有向外突出的连接件 3911,3931,与图 1a 和图 1b 中的两个周边 102,104 的连接件构造相同。不同的地方在于:第二组对边 392,394 中,该周边 394 的外壁面上向外突出一呈 U 型的连接件 3941,该周边 392 是该周边 394 的对边,在该周边 392 的外壁面上,向外突出一连接件 3921,该连接件 3921 恰好可以插入该 U 型连接件 3941 中心的空位内,所以该两个连接件 392,394 形成一组配对连接件。在把该两个相同的基本浮体 39 做基本连接时,该基本浮体 39 的任一周边只能与另一相同基本浮体 39a,39b,39c,39d 的特定周边相连接,而不能与相邻浮体的任一周边相连接。基本连接一律采用短柱轴 191 和螺丝 1911(4 边均采用同一装置),与图 1b 的短柱轴 191 和螺丝 1911 相同。例如:基本浮体 39 的外壁面 391 只能与基本浮体 39a 的外壁面 393 做基本连接;基本浮体 39 的外壁面 392 只能与基本浮体 39b 的外壁面 394 做基本连接;基本浮体 39 的外壁面 393 只能与基本浮体 39c 的外壁面 391 做基本连接;基本浮体 39 的外壁面 394 只能与基本浮体 39d 的外壁面 392 做基本连接。长方形的基本浮体由于两组对边长度不同,所以任一周边只能与另一同样基本浮体的特定周边做基本连接,正方形的基本浮体虽然四个周边长度相同,但由于四个周边上的连接件形成两组不同的配对连接件结构,所以任一周边也只能与另一同样的基本浮体的一个特定周边做基本连接,而不能像图 1b 所示,可与任一周边做基本连接。在这些情况下,以该基本浮体的任一外壁面作为连接壁面,与另一基本浮体连接时,就只能与另一个基本浮体的特定周边上的连接件配对连接,而不能与该另一个基本浮体的任一周边壁面上的连接件配对连接。在这种情况下,虽然该基本浮体的四条边长度相同,仍然只能与另一基本浮体的特定周边上的连接件配对连接,与俯视形状是长方形的基本浮体之间的连接方式比较类似。

[0069]　图 5 为本实用新型第四实施例的结构示意图。其中图 5a 为俯视形状为菱形的基本浮体 40 组成加强区的示意图。基本浮体 40 的四条边长度均相同,但是由于四个内夹角中的对角相等,邻角互补的菱形特性,在与相邻的四个基本浮体 41,42,43,44 连接时,与夹角一律为直角的俯视形状为正方形的基本浮体的基本连接方式不同,不能与相邻的同样基本浮体 41 的任一边连接,必须维持基本浮体 40 与基本浮体 41 的连接面两边侧壁的直线延伸方向不变,才能一次把四个基本浮体 41,42,43,44 与位于中心的基本浮体 40 以基本连接装置完成基本连接,只有继续保持该连接面的两侧壁的直线连续性,才能继续连接成图 5a 的准备加强区,该准备加强区以一加强连接装置连接固定,该加强连接装置包括四根同样

长度的加强杆以及图5b～5e所示的三种转角固定器493,493c,494,495。图5a经过加强连接后,可以形成加强区。如果a点时浮体阵最外缘的独立角落,则该转角固定器493用于连接图5a中在a点相连接的两根加强杆,转角固定器494可以把b点和c点连接三根加强杆,转角固定器495可以在d点连接4根加强杆。该加强区可以自a点向b,c,d三个方向继续与其它的加强区继续进行连接形成大面积的浮体阵。如果在c点是该浮体阵最外缘的独立角落,只有两根加强杆需要连接,但不与其它加强区连接,则需使用另一转角固定器493c,该转角固定器493c与转角固定器493的夹角互为补角。

[0070]　　图5f是俯视形状为平行四边形的基本浮体50组成加强区的示意图。基本浮体50与四个相同的基本浮体51,52,53,54必须按照特定的方向,才能完成基本连接,而后扩大连接成加强区。由于平行四边形的对边相等,但是邻边与对边长度不同,以及内对角相等,但与内邻角互补的特性,在该基本浮体50与相邻的四个基本浮体51,52,53,54连接时,相邻基本浮体的相同边长的连接壁面完成基本连接后,必须保持与该连接壁面相邻的两个壁面在平行方向上的延续性,才能继续进行连接成图5f所示的准备加强区,该准备加强区的四个边必须以两种不同长度的加强杆各两根,以及与俯视形状类似图5b～5e的各种转角固定器所组成的加强连接装置配合,才可以继续与其它加强区进行连接,组成大面积的浮体阵。

[0071]　　如果一个基本浮体的俯视形状是一个不等边三角形,该不等边三角形的三个周边都不相等,以该基本浮体的任一周边作为公共边,与另一个同样俯视形状的基本浮体,使用基本连接装置把上述公共边上所有的配对连接件进行基本连接后,就形成了一个俯视面积是平行四边形的中途连接单位,作为继续进行连接的基本单位;该基本单位就可以依照俯视形状是平行四边形的基本浮体的连接方式,形成相类似的准备加强区,最后进一步组成大面积的浮体阵。

[0072]　　图6a是本实用新型第五实施例的俯视面积为正六边形的基本浮体60组成一个加强区的示意图,该加强区仅包含一个基本浮体60。对于俯视形状是正六边形的基本浮体60来说,只能以该基本浮体60为单位,与相邻准备连接的六个相同的基本浮体61,62,63,64,65,66之间,分别使用由加强杆691以及转角固定器693或694组成的加强连接装置进行加强连接。图6b中,显示该加强杆691的结构示意图。图6c～6d为两种转角固定器693,694的结构示意图。该转角固定器693可以同时连接三根加强杆691,用于该基本浮体60的六个角的外方位置,完成该基本浮体60与相邻两个相同的基本浮体之间的加强连接,如图6a所示。而另一种转角固定器694则用于仅有两根呈120度角连接的加强杆691之间的连接,仅限于最后完成浮体阵的边缘区域。图6e是使用六个俯视形状为正三角形的基本浮体a,b,c,d,e,f组成一个准备加强区601的俯视图,该准备加强区601的周边为正六边形,其外围加强杆691和转角固定器693各六个,以完成该准备加强区601和与之相连的其它六个同样的准备加强区之间的连接,如图6a所示。但是,该准备加强区601内部的六个正三角形基本浮体a,b,c,d,e,f之间则仅使用基本连接。使用该准备加强区601的连接方式组成的浮体阵,比由上述图3所示的准备加强区组成的浮体阵坚固了很多倍。因此,加强区的选择是由使用的需要来决定,而不是由组成该加强区的基本浮体的俯视形状来决定。图6f是由三个俯视形状为正菱形的基本浮体u,v,w组成的准备加强区602,该准备加强区602的俯视形状也是正六边形。同样地,以该准备加强区602为单位组成地浮体阵的

坚固程度必然远远超过了图 5a 所示的准备加强区组成的浮体阵。特别重要的是该准备加强区 602 只能由三个俯视形状为内夹角为 60 度或 120 度的正菱形基本浮体组成，而不是图 5a 中所示的一般菱形基本浮体组成。

[0073]　图 7 为本实用新型第六实施例的俯视形状为圆形的基本浮体的连接示意图。图 7a 是俯视形状为圆形的基本浮体 81 与四个同样的基本浮体 811,812,813,814 的连接示意图。该四个基本浮体 811,812,813,814 环绕在中间这个基本浮体 81 的上、下、左、右四个方向，与该基本浮体 81 形成公切线的四个公切点则为配对连接件的连接位置，该四条公切线组成一个正方形。图 7b 为该基本浮体 81 的放大图，该基本浮体 81 形成由该四条公切线组成的正方形的内切圆，位于该正方形的四条边中点的内切点即为四个连接件 81a、81b、81c、81d 的位置。所以该基本浮体 81 与相邻任何一个同样形状的基本浮体之间，在任何水平方向，都只能有一组配对连接件，不能用增加连接件数量的方式来增加连接的强度，只能把唯一的配对连接件进行有限度地延长，该基本浮体 81 与由该四条公切线组成的俯视形状是正方形的基本浮体 10A 的差别就在这一点上。因此该基本浮体 81 的外围周边长度不得长于 4 个水平基本长度。而俯视形状是正方形的基本浮体 10A 的任一条边均可以在同一水平线上，有超出一个以上的连接件，如图 2a 所示。这种差别可以应用在浮体阵边缘的由两条呈直角连接的加强杆连接的基本浮体上，如图 1i 中俯视形状为正方形的左上角基本浮体 17，就可以用一个俯视形状为圆形的内切圆基本浮体 81 代替，以减低该基本浮体 17 被左上角的转角固定器 193 碰撞损毁的可能性。同样的原理也可以应用在由正三角形或正六边形基本浮体组成的浮体阵的边缘，独立角落的位置。图 7c 为一个俯视形状是圆形的基本浮体 82 与它相邻的三个相同基本浮体 821,822,823 的连接示意图，该基本浮体 82 是由三条公切线 u,v,w 组成的正三角形的内切圆。图 7d 为图 7c 中圆形基本浮体 82 的放大示意图，该基本浮体 82 的外壁面上分别设有连接件 82u,82v 和 82w。如图 7e 所示，圆形基本浮体也可以同时具有六个相邻的同样的基本浮体 821,822,823,824,825,826。图 7f 是该基本浮体 82A 与六个相同基本浮体 821,822,823,824,825,826 的六条公切线 a, b, c, d, e, f 的放大示意图，六个公切点的位置即为六个连接件 82a、82b、82c、82d、82e、82f 的位置。该实施例说明对于任何俯视形状为圆形的基本浮体，只能另外再选择三个、四个或六个同样的基本浮体，使用加强连接装置继续连接成浮体阵。使用俯视形状为圆形的基本浮体的缺点在于每一连接点只能有一个连接座，只能延长连接座的长度，而不能增加连接座的数目。因此该基本浮体 81 的外围周边长度不得长于 4 个水平基本长度，该基本浮体 82 的外围周边长度不得长于 3 个水平基本长度，而基本浮体 82A 的外围周边长度不得长于 6 个水平基本长度。由于圆周长度不易过大，因此圆形基本浮体的直径不易过大。该俯视形状为圆形的基本浮体可用于由多边形基本浮体组成的浮体阵最外周的孤独转角处、外围一圈位置、或者接近外围周边的区域，以减少该位置的基本浮体受力不平衡所造成的损毁。

[0074]　该浮体阵顶部的所有太阳能光伏发电模块接收到的电能，都经过电连接，传送到该浮体阵边缘的多个供电区，如果该浮体阵所在的海洋表面位置接近人口聚集的大都市，该浮体阵边缘的多个供电区可以将所有接收到的电能，经过电力线路连接到海岸上的直流转交流逆变器，再直接经过电力线路注入该大都市的现有电网。

[0075]　如果该浮体阵所在的海洋附近，没有任何陆地，则本实用新型的浮体阵，必须配合一支由多条船舶组成的工作船队，才可以使用。该工作船队包括多条储藏电能船，多条维

修船以及多条电能运输船。该任何一条储藏电能船均可以自该浮体阵的工作通路网内的任何一个供电区接收电能；该储藏电能船满载电能后，将其内部所有储存的电能转移到任何一条电能运输船；该电能运输船满载后，又把储存的电能运送到人口总多的大城市的专用码头；该专用码头接收该储存的电能后，经过电连接至直流转交流逆变器，再输入该大城市的现有电网，提供电力供大量人口使用。该储藏电能船或该电能运输船上储存电能的装置目前的选择是可重复充电式电池模块（Rechargable Battery Module）、氧化还原液流储能电池（Redox Flow Battery for Energy Storage）、或电化学电容器（Electrochemical Capacitor）。如果该浮体阵所在海洋表面位置附近没有大都市，但是有一个小岛，该小岛可以取代该工作船队中的该多条储藏电能船，而以该小岛为基地，接收并储存该浮体阵接收的太阳电能，再把电能直接通过电力线输入到该工作船队的多条电能运输船中的任何一条，以节约成本。该任何一条储藏电能船均可作为电能运输船使用，两者之间，只有大小、以及运输费用的差别。

[0076]　　在浮体阵上方设有多个太阳能光伏发电模块，相邻两个太阳能光伏发电模块之间留有缝隙，该缝隙下方可以加设雨水收集装置，用于在雨天将雨水收集起来，用作农业灌溉、非饮用水，或者净化后用作饮用水，以便弥补日益严重的淡水缺乏问题。本实用新型的浮体阵内部，可以预留部分面积大约为1平方公里的空位，不设任何基本浮体，该空位可以用来做人工养殖各种海洋生物，以增加目前日益枯竭的渔业资源。

[0077]　　以上有关本实用新型的实施方式，是前所未有的在大面积海洋表面，把太阳光能直接转换为可储存、可运送的电能的装置。在赤道附近的海洋面，每一平方公里一年得到的电能大约可供10,000人口日常生活使用。世界上大部分的国家，没有足够的陆地面积去开发太阳能，因此对这些国家来说，开发海洋表面的太阳能是最佳的，也是唯一的选择。本实用新型能够突破现有的昂贵的能源站技术，并且促进大量生产直流电产品的新工业，对人类进步有很大的贡献。

112

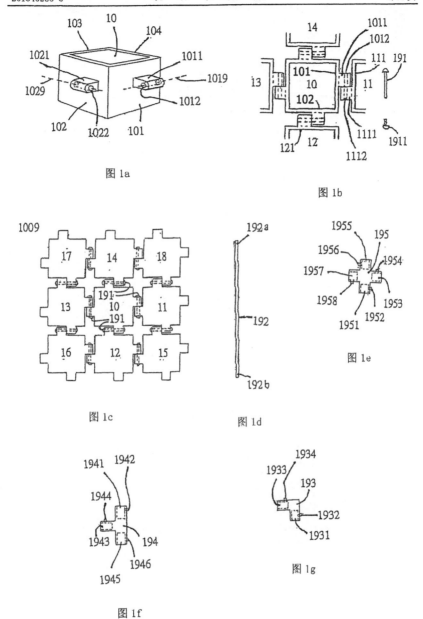

图 1a

图 1b

图 1c

图 1d

图 1e

图 1f

图 1g

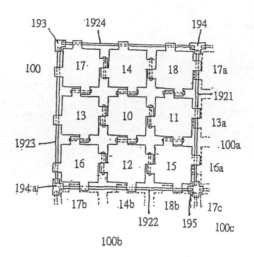

图 1h

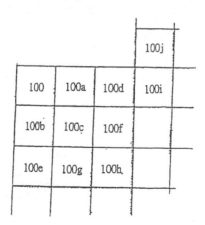

图 1i

114

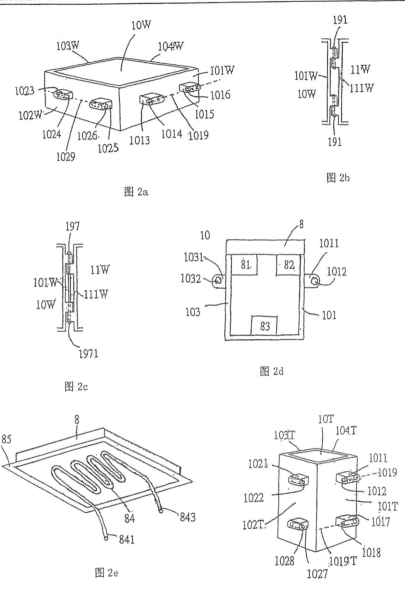

图 2a

图 2b

图 2c

图 2d

图 2e

图 2f

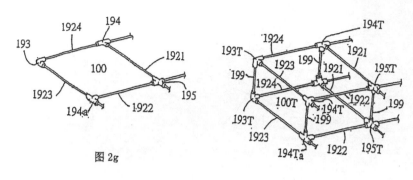

图 2g

图 2h

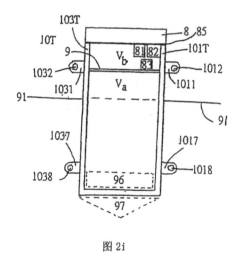

图 2i

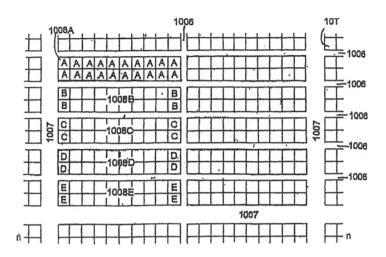

图 2j

图 2k

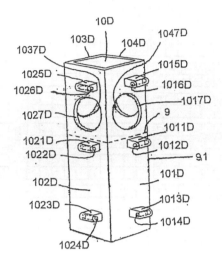

图 21

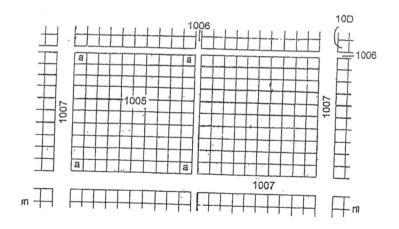

图 2m

118

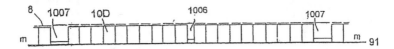

图 2n

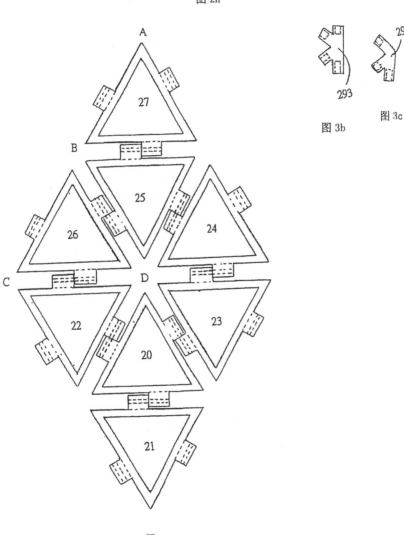

图 3b

图 3c

图 3a

295

图 3d

296

图 3e

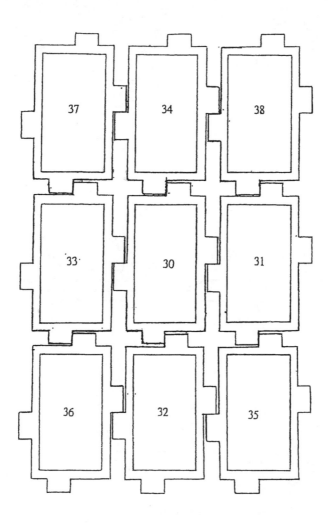

图 4a

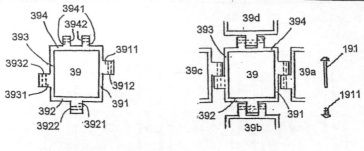

图 4b　　　　　　　　　　　　图 4c

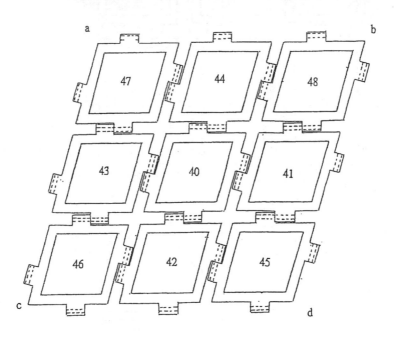

图 5a

图 5b

122

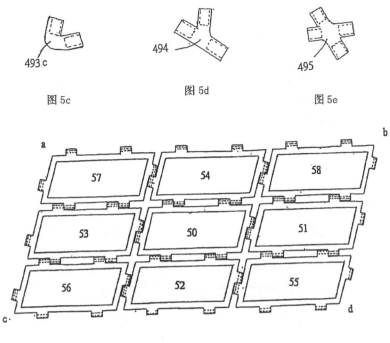

493c

图 5c

494

图 5d

495

图 5e

图 5f

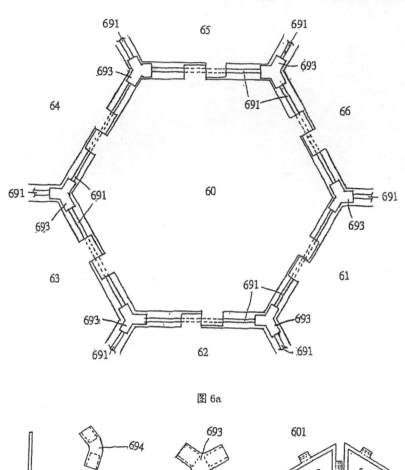

图 6a

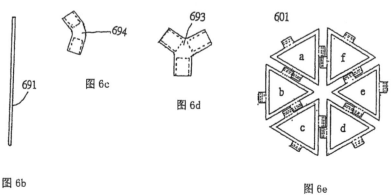

图 6b　　图 6c　　图 6d　　图 6e

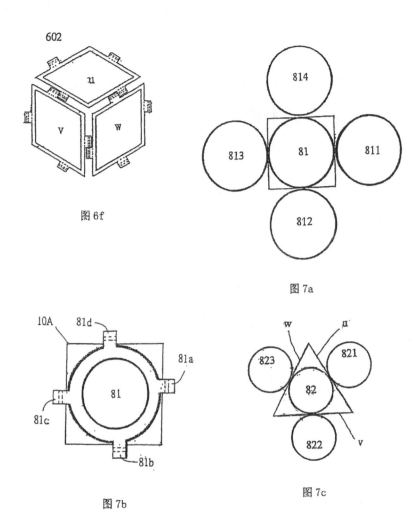

602

图 6f

图 7a

图 7b

图 7c

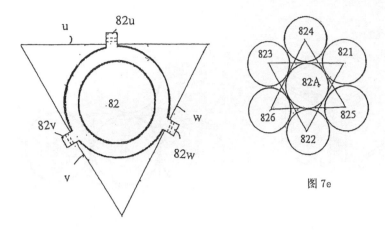

图 7d

图 7e

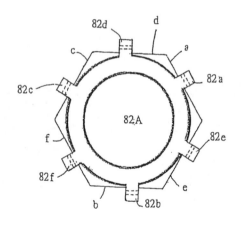

图 7f

第二章
以伸縮式自行車為基礎的城市
綠色交通系統

世界上各大都會區，數十年來，都在努力的推廣自行車的使用，期望城市居民，能夠以自行車，取代私有車輛，進而大幅減少道路上行駛車輛的總數，解決交通阻塞的問題。加拿大的溫哥華市政府，已訂下 2040 年，使市區中行駛的車輛總數，降低到目前的 1/3 的長遠目標！問題在於：如何做到？市政府每一次要在主要交通幹道內，規劃出自行車專用道，都會遭遇到沿路商業的重大反對，民怨沸騰。

2.1 哥本哈根市的自行車使用率達到飽和。

丹麥的首都哥本哈根市是世界上的自行車之都，擁有 220 公里的自行車專用道路交通網。目前哥本哈根都

會區內的居民的所有外出行程中，有 37%的外出行程，都是使用自行車，已經達到飽和。

哥本哈根市人口近兩百萬，九條捷運、總長度 190 公里，哥本哈根市政府最近試圖以取消自行車上捷運收費的方式，期望能再度提高自行車使用率。可惜未能取得希望的成果；所以，收費並不是阻礙城市居民使用自行車做為部份交通工具的原因。

2.2 使用自行車的兩項基本障礙。

使用自行車的第一項基本障礙，在於自行車非常容易失竊，騎車出門，無法保證回家時，仍有車騎！所有大城市，都有相同的問題。

第二項基本障礙，與目前以休閒使用為原則的自行車設計有關。目前，所有 26 英吋輪徑的自行車，國際標準的長度為 170 公分，方向桿的寬度為 60 公分，高度為 100 公分。這部自行車，停車使用的面積約為 170 公分× 60 公分=1 平方公尺；使用的體積約為 1 立方公尺。

每一平方公里自行車的總數如果超過一萬部，就會發生過度擁擠以致違規停車的熱點(Hot Spot)。

　　自行車停放的位置，如果大家都要停，就會發生過度擁擠的問題；台灣大學校本部，以及雙北市的部份捷運站（如頂溪），都有嚴重違規停車的問題；一旦自行車違規停放，就會被依法拖吊；然後就有罰款的問題。

　　以上這兩項基本障礙，如果各地市政府不能設法排除，城市居民使用自行車為綠色交通工具的意願，不可能超出哥本哈根的 37% 飽和值上限！

2.3 排除基本障礙的方法。

　　排除基本障礙的方法包括以下兩個主要方向：

2.3.1 排除第一項基本障礙的傳統困難。

　　第一項基本障礙只能把自行車放入一個可以加鎖的箱子中，目前國外各大城市的捷運站附近已經有這樣的服務；但是，每一個箱子至少使用 1 平方公尺土地面積，而且最小體積是 1 立方公尺。捷運站附近，土地有限，

只能提供個位數字的保管箱服務；市民的需求量大，造成供不應求。捷運站以外，似乎缺乏同樣的服務。

2.3.2 兩項基本障礙同時解決的策略。

第二項基本障礙的解決，必須重新設計專門配合都市居民做為交通工具的自行車，與目前專門為休閒運動功能的自行車的設計完全不同；其主要設計方向是，做為城市居民的輔助交通工具，在騎乘時、與休閒用自行車完全相同；但是在存、放以及藉由大眾運輸系統（如公共汽車或捷運車廂）整合運輸時，該自行車必須使用的土地（或車廂）面積必須大幅度的減小；同時，體積也必須大幅度的減小，最好是不同輪徑的自行車，一律能夠放進同樣一個可以加鎖的箱子中。

2.3.3 伸縮式自行車最適合城市綠色交通。

合併以上兩項基本障礙的解除，在全球已知的所有自行車設計中，只有台灣發明的一部伸縮式自行車可以做

到。伸縮式自行車，是筆者在上一本書「如何自行開發新型專利」中，檢索示範的主題，其中只有一部 B8 案，能夠做為解決哥本哈根突破 37%自行車使用率飽和點的工具。

本章之附錄（包括附錄 A 及附錄 B），均安排在本書之最後。

本章之附錄 A，提出於該 B8 案的四項有關之專利說明書；A1 是伸縮式自行車 B8 之設計；A2、A3、及 A4 是「如何把 B8 案主車架固定的裝置」專利。

本書最後之附錄 B 中，B1 到 B17 是到 2013 年 12 月為止，所有伸縮式自行車的專利公告內容，謹供讀者參考。

2.4 伸縮式自行車配合綠色交通系統解決所有障礙。

這一部能夠做為城市交通工具使用的伸縮式自行車（B8 案），可以有三種不同輪徑，不論是 26 英吋輪徑、

或是 20 英吋輪徑、或者是 16 英吋輪徑,都可以放進一隻內部尺寸是 35 公分x66 公分x105 公分的長方形箱子中。這樣的設計,可以配合老中青三代使用者的需要。除了伸縮式自行車以外,再配合一個綠色交通系統,才可以配合世界各大城市的推廣自行車企劃的需求。

2.4.1 綠色交通系統的結構。

該綠色交通系統,係由每一部伸縮式自行車的車主隨身攜帶的「車主識別卡」(內有一個晶片)、每一部伸縮式自行車上安裝的「自行車識別晶片」、以及每一個箱子內部安裝的「箱子識別晶片」,配合一個由中央控制室操控的「無線電波識別系統」(RFID)組成,可以隨時知道系統內每一部車及每一個箱子的位置。

公共汽車上的箱子,係固定在公共汽車出口左、右兩邊,這些箱子只能自公共汽車外面開啟或關閉。

捷運系統中,係由各捷運站在站外提供旅客箱子,旅客把車放入箱子中,再提入捷運站,進捷運車廂中,把箱子插入捷運車廂內固定的卡格中,自動固定上鎖;

132

下車時，只要把「車主識別卡」插入，箱子就脫離卡格，由車主提出箱子；離開捷運站時，把車子取出，箱子則歸還捷運站；「車主識別卡」，也與悠遊卡一樣，有付費的功能。

這樣的綠色交通系統，如果自行車在系統內部失竊，保險公司可以立刻提供一部同樣的自行車，做為理賠。

2.4.2 箱子的尺寸以及停放需要的面積與體積。

使用這種箱子，每一部自行車，必須使用的土地或車廂最小的必須面積，大約是 35 公分x66 公分=0.24 平方公尺；體積則大約是 35 公分x66 公分x105 公分=0.25 立方公尺；不論面積或體積，大致上都是原來的 1/4。公眾場所或捷運站附近的土地，可以提供比目前箱子總數多3 倍的 100%全額保險的自行車存、提箱子。（如果放上、下兩層，總數可以到 8 倍）。

該長立方形箱子的三邊長度，分別為 A、B、及 C；

其中 A 為最短邊，C 為最長邊；A:B:C 的理想比例為 1:2:3。自行車的左、右兩踏板之間的水平距離 35 公分，決定了 A 值。以 A、B 作底面的箱子，佔用了最小面積土地；以 B、C 作底面的箱子，使用於全自動化停車塔。所有箱子都只能以一面開啟，作為自行車存、提的通道。

2.4.3 伸縮式自行車配合綠色交通系統的功效。

特別繁忙交通的位置，例如市中心區的旅遊景點、或者是大捷運站附近，可以興建全自動化自行車停車塔或自行車停車倉庫，大幅增加固定面積可以存，提自行車的總數。

所以伸縮式自行車，配合綠色交通系統，可以一舉解決哥本哈根的兩項基本障礙，提高該城市居民外出行程的自行車使用率到 74%以上！伸縮式自行車，配合綠色交通系統，可以造成自行車存、提裝置的革命。

以一個兩百萬人口的都市為例，該綠色交通系統的投資額，大約是十億美金；系統操作完成測試後，大約五年左右就可望回收；同時，也大幅增加都市人口的自行車使用率，以及減少城市的碳排；增加大眾交通系統的使用人數（也同時增加收入），都市中行駛在道路上的車輛總數得以下降，城市交通的綠化得以達成。

2.5 貨櫃化的推廣用途。

以上這些說明，基本上係把伸縮式自行車存、提的裝置，以箱子「貨櫃化」。

1950 年代，海上及陸上貨物運輸的貨櫃化，造成了貨物運輸的革命。伸縮式自行車，配合綠色交通系統，可以造成自行車存、提裝置的革命。

> All airlines around the world, could establish
> a company, named "Global Air Travel Luggage
> Handling System Inc.", to upgrade their services。

　　貨櫃化可以解決的問題，不只是增加城市的自行車使用率；除了伸縮式自行車外，航空公司的客運行李也是一個目標。

　　同樣的伸縮式自行車停車塔，如果用來存、提航空公司的客運行李，只需改變箱子的尺寸，就可以在大城市某一些固定位置，存、提航空客運的行李。

　　旅行社開票的同時，提供旅客行李箱識別卡，該旅客就可以前往這些固定位置，取得空箱子；該旅客裝好行李以後，在出發前 24 小時以前，旅客只要把行李送到這些固定位置，用自動化裝置檢驗，就可以收存，再由航空業一併送往機場；到達目的地城市後，也由各航空公司送往目的地城市的指定地點，等待旅客提取。

徹底消除旅遊旺季時，報到櫃台前的長龍，這就是航空業的技術革命。航空業可以大幅降低地面成本；全世界的即時行李定位系統，可以隨時瞭解某一件特別行李的位置，保障旅客行李的安全。

2.6 台北市將主辦 2016 全球自行車大會。

　　台北市政府於 2013 年 12 年 3 日宣佈，台北市將主辦 2016 全球自行車大會(Global Velo-city)，Global Velo-city 每年在不同城市主辦，討論主題一向是如何促進世界各大城市的市民，使用自行車為主要交通工具。
該次大會以前，如果能以第二章提出的伸縮式自行車，配合第二章提出的綠色交通系統，解決台灣大學校本部(一平方公里 50,000 人口及 20,000 輛自行車)的自行車停車問題，必然是一個絕佳的促銷機會。

2.7 A real Green Transportation System。

　　本節的其餘內容，係以英文說明，由於這個系統的買主，必定是國外城市，以英文說明，有助於協助讀者，取得國外合同。

A real GREEN TRANSPORTATION SYSTEM.

(With boxed Stretching-Bicycles as alternative to motor vehicles.)

CONTENTS

ABSTRACT - 139

I. Introduction. - 141

II. Major functions of the GREEN TRANSPORTATION SYSTEM(GTS). - - - - - - - - - - - - - - - 143

III. Estimated revenues and costs of the GREEN TRANSPORTATION SYSTEM. - - - - - - - - - 146

IV. Historical evidences and analysis of the flooding of bicycle parking. - - - - - - - - - - - - 148

V. Analysis of parking area per bicycle from International Standards. - - - - - - - - - - - - - 151

VI. Recreation bicycles and transportation bicycles. - 154

VII. The Stretching-Bicycles. - 156

VIII. Reduction of required parking area per Stretching Bicycle in box. - - - - - - - - - - - - - 158

IX. Center components of the GTS: 3 ID's and other facilities. - - - - - - - - - - - - - - - - - - 162

X. GTS operations at MRT station and inside a MRT train. - - - - - - - - - - - - - - - - - - - 163

XI. Conclusions. - 164

XII. Summary of attached "5 IMAGES" of box complex and slot complex. - - - - - - - - - 166

Abstract

In Canada, the City of Vancouver (population: 730,000) shares its public transit system with Metro Vancouver Region (population: 2,300,000). In 2012, the City of Vancouver's superbly executed urban planning resulted in City residents choosing to use bicycles for 10.8% of all their trips. However, in Metro Vancouver, bicycle trips made up a dismal 1.8% of all Metro residents' trips. These statistics show that the two-thirds majority, farther away, automobile-driving Metro residents require: (1) quadruple bicycle carrying capacity on buses and rapid transit trains, (2) secure and safe bicycle storage while on public transit vehicles, and (3) secure bicycle parking anywhere in the Metro Vancouver region, especially downtown. A true GREEN TRANSPORTATION SYSTEM (GTS), utilizing a special bicycle design and an innovative bicycle storage-and-transport system, is needed to meet these demands. In addition, the GTS must ultimately pay for itself.

The "stretching bicycle" is the ideal bicycle design for the GTS. "Stretching bicycles" have three different models: 16-inch, 20-inch and 26-inch wheels. All three wheel sizes combined would make up 80% of all bicycles on the streets. The most striking feature of "stretching bicycles" is the existence of a common box (interior dimensions: 105cm x 66cm x 35cm) for secured storage of any one of the three models.

On sidewalks, secured boxes can form different complexes to quadruple parking capacity of sidewalk bicycle racks.   Short rows of boxes with exterior openings can be fitted onto the passenger side of buses to triple the present bus storage capacity of having two bicycles in front.   For places needing high density bicycle parking, automated towers of slots fitting one box per slot can store larger numbers of bicycles than present means would allow.   Slot complexes can be installed onto an area normally occupied by two bicycles inside a rapid transit train (240cm x 72cm, in Vancouver) for secured storage of up to ten bicycles.

An ownership ID identifies bicycle ownership and will be used to pay user fees.   A bicycle ID certifies the particular bicycle passed quality inspection.   An ID for each box helps to trace the box (with or without content).   All three ID's, together with bicycle storage complexes, can be electronically connected through a wireless network to proper peripheral equipment in every complex and rapid transit station, thereby forming the GTS.   The GTS fully integrates different wheel-sized stretching bicycles and public transit and would likely attract 30% or more of Metro residents to become system users.

I. Introduction

Riding a bicycle is a greener means of transportation than driving an automobile. In order to make their cities greener, urban planners attempt to persuade residents to make the switch. Most efforts, however, have so far only produced micro-scale effects instead of macro-scale effects.

Micro-scale effects can easily be seen, as cities build bike-only routes or similar projects around the world. Although city residents are generally impressed by such efforts, the truth is that even on weekends and holidays, less than 10% of residents would actually use these routes. On business days, less than 1% of residents would use these routes. In downtown Vancouver, Canada, for instance, the installation of bicycle lanes and the proposed Public Bike-Share System drew international attention. The City of Vancouver saw a sudden increase in the number of cyclists within city limits. However, over two-thirds of residents who live beyond 15 kilometers from downtown Vancouver hardly used these facilities and had no intention of switching from driving to cycling.

Urban planners should work towards producing macro-scale effects. So far, they have not considered effective strategies for the purpose of getting the majority of metropolitan-area residents to make the switch. Cities around the world have to provide a well planned GREEN TRANSPORTATION SYSTEM (GTS) to accommodate large numbers of cyclists from farther away suburbs.   Urban planners must remove obstacles for these farther away residents to make a proper switch.

An important point to consider is that a metro-city can become greener only if over 10% of metro residents made the switch, not just the city's own residents.   Although a Vancouver survey indicated that 50% of all Metro Vancouver residents would consider using bicycles for some of their trips, it does not mean that they would actually do so.   For example, widespread bicycle theft would discourage over 90% of metro residents from using bicycles for their trips.   No metro-city should rely on the traditional rack-and-lock method to protect its residents' bicycles. Cities cannot expect their residents to take the risk of losing or damaging their bicycles, because residents might give up cycling altogether if their bicycles were stolen or damaged.   Without some form of assurance that bicycles would be protected from theft and vandalism and 100% insured by the GTS, no macro-scale effect can be produced.

II. Major Functions of the Green Transportation System (GTS)

From the farther-away metro residents' point of view, as they consider making the switch from driving to cycling, they would like the Green Transportation System (GTS) to perform all of the following functions:

(1) <u>Full integration with public transit</u>: metro residents located farther from city centers could potentially leave their homes in the morning, get their bicycles from fully-secured public storage facilities in their neighborhood, and ride not more than 1.5 kilometers (or about 1 mile) to the nearest bus stop. (This portion roughly fits the "First Mile" portion of the famous Danish theory.) They would then take the bus, along with their bicycles on the same bus, to the nearest rapid transit station. They would ride the rapid transit train, with their bicycles on the same train, to their desired destination station. From there, they would take a final bus trip to bring them closer to their intended destination, along with their bicycles. After that, they would ride no more than 1.5 kilometers on their bicycles to their final destinations, where they would place their bicycles in fully secured bicycle storage facilities nearby. (This portion roughly fits the "Last Mile" portion of the Danish theory.) Overall, the vast majority of metro residents would not expect to ride their bicycles for more than 3 kilometers one-way on any of their trips. In fact, if all age groups are considered, no more than 10% of metro residents are strong enough to ride bicycles for more than 16

kilometers (10 miles). On the other hand, over 60% of metro residents are capable of taking a three-kilometer, one-way trip on bicycles.

(2) <u>Ample secured bicycle storage facilities throughout the metro-city</u>, as mentioned in the previous paragraph. A minimum of three storage facilities would be required for each bicycle: one near the cyclist's neighborhood, another one on public transit, and a third one near the cyclist's final destination. In fact, five storage facilities would be required for one bicycle, since the cyclist may have more than one destination from time to time, and he or she may not take the same public transit route every day. For those residents who followed the Danish two-bike theory with one bike near where they lived and another bike near their final destinations, extra bicycle storage boxes could also be required. Additional boxes could be required to provide a mega-scale sharing system to satisfy whoever wanted to rent a bike. For Metro Vancouver, a minimum of 2 million bicycle storage spaces would have to be installed throughout the metro-region for sufficient bicycle parking and transportation. Additional one million boxes might be required for other purposes.

(3) <u>High-density secured bicycle storage facilities in "hot spot" areas</u>. Urban planners have not traditionally been concerned about bicycle parking issues in their city centers (e.g. downtown areas, major attraction points, or major commercial and industrial zones). In these "hot spots", land is

usually scarce, and too many bicycle parking facilities would simply overwhelm sidewalks. If more than 30% of metro residents indeed took up cycling as their primary mode of transportation, extremely high-density bicycle storage facilities would be required for these locations.

III. Estimated Revenues and Costs of the Green Transportation System (GTS)

For Metro residents in various Vancouver suburbs, driving to and from downtown Vancouver during rush hour is a constant headache. Traffic congestion has worsened everywhere. It takes longer to drive to a destination than to take public transit. Parking costs are astronomical. Judging from this situation, it would be a bargain to charge bicycle owners who wish to use the Green Transportation System (GTS) CAD$1 per day for bicycle storage on monthly contracts. Daily bicycle storage rates would be CAD$5 per day (without monthly contract), assuming the GTS is able to provide those services mentioned in Section II.

Metro Vancouver has 2.3 million residents. If, on average, 30% of all Metro Vancouver residents chose to use the GTS, Vancouver will certainly be the greenest city in the world, with significant reductions in carbon emissions as well as traffic congestion. The annual revenue from GTS user fees for bicycle storage alone, calculated based on 360 days per year, would be CAD$248,400,000:

CAD$1 per day x 2,300,000 residents x 30% usage rate among residents x 360 days = CAD$248,400,000

The above mentioned user-fee revenue calculations are based on cyclists owning the stretching bicycles. In addition, the GTS will operate a bicycle sharing system. International tourists or anyone who wishes to rent a transportation bicycle will be delighted to have the GTS available to them.   The GTS will offer thousands of stations and tens of thousands of stretching bicycles for them to share.   This rental portion of the GTS would generate additional revenues. Overall, the GTS would generate a gross revenue between CAD$300 million and CAD$500 million per year.

One important point, the above analysis was just from bicycle ticket alone.   For all public transit passengers, regardless whether they carry bicycles or not, standard passenger ticket revenues would still provide vital maintaining costs for the public transit.

With this level of projected annual revenue for Metro Vancouver, the costs of the GTS would be somewhere between CAD$800 million and CAD$1 billion, depending on how many automated sub-systems would be required.   A minimum of 2 million bicycle storage boxes would have to be installed throughout the Metro Vancouver region.   For smaller cities with gross metropolitan population of less than 1 million, there may be no need for any automated sub-systems in their GTS and their GTS could cost up to 60% less. In the long run, the GTS would pay for itself for a city of any size.   All future income from the GTS would go towards further improvements or public transit expansions.   At the same time, the corresponding increase in public transit ridership would generate additional revenues.

IV. Historical Evidence and Analysis of Overcrowded Bicycle Parking

Case A: Main Campus of National Taiwan University (NTU) in Taipei, Taiwan

The one square-kilometer main campus of NTU was a green micro-city and bicycle heaven many years ago in Taipei. Back in the 1960s and 1970s, the campus population (students, faculty and staff members combined) was around 10,000. With relatively few buildings on campus, 3,000 bicycles can park anywhere on campus. As time went on, more buildings were constructed, taking away land. Also, more students were admitted, and more faculty and staff members were hired. After the 1990s, the campus population increased dramatically to over 20,000. Around the year 2000, the gross number of bicycles on campus exceeded 10,000 and bicycle parking finally emerged as a problem. By the year 2004, the problem became so serious that parked bicycles blocked main entrances to some buildings. University officials finally enacted bylaws in 2009 to establish designated "bicycle parking zones". Any bicycle not parked inside a designated parking zone would be towed at the owner's expense. However, these "bicycle parking zones" simply did not provide enough space to match the demand near certain hot spots.

Since 2009, four full-time staff have been in charge of the towing, storage and claiming of illegally parked bicycles on campus, as well as the disposal of unclaimed bicycles.   On average, they impounded 100 bicycles a day (2,000 bicycles per month) and sold two tons of scrap metal every year from the unclaimed bicycles (which formed a bicycle junk yard with two small mountains of debris on an off campus site).   At present, the campus population is over 40,000 and the total number of bicycles on campus is around 20,000 (2013 count; for 2012:17,000; for 2011:16,000.   The bicycle overcrowding problems had spread beyond campus limits recently.   70% of all bicycles on campus are towed at least once every year.

Case B: Dingxi MRT Station, New Taipei City, Taiwan

The New Taipei City government has always worked hard to promote riding bicycles to the nearest MRT station.   However, the City failed to provide adequate bicycle parking space.   As a result, the neighborhood of the Dingxi MRT station was overcrowded with bicycles every day.   Fire lanes were blocked by parked bicycles, which became a public safety concern.   The Mayor ordered the removal of those illegally parked bicycles on January 7, 2013, which was a step backward in view of the city's long-term policy.

As the above two cases show, "hot spots" can become a serious problem whenever bicycle density exceeds the threshold of 10,000 bicycles per square kilometer, anywhere in the world.   In Vancouver, Canada, some hot spots had already caused serious bicycle overcrowding problems in the past.   There has been no practical solution to resolve this issue except to remove illegally parked bicycles.

V. Analysis of Parking Area Requirements for Bicycles with International Design Standards

(A) Bicycles with 26-inch Wheels

The international design standards for bicycles with 26-inch wheels are:
170cm (length) x 100cm (height) x 60cm (width).

Based on these dimensions, a bicycle with 26-inch wheels would require a 1.02 square meter (170cm x 60cm) area of land for parking.

(B) Bicycles with 20-inch Wheels

The international design standards for bicycles with 20-inch wheels are:
160cm (length) x 100cm (height) x 60cm (width).

A bicycle with 20-inch wheels would therefore require a 0.96 square meter (160cm x 60cm) area of land for parking.

(C) Bicycles with 16-inch Wheels

The international design standards for bicycles with 16-inch wheels are:
130cm (length) x 100cm (height) x 60cm (width).

A bicycle with 16-inch wheels would need a 0.78 square meter (130cm x 60cm) area of land for parking.

These three different wheel sizes combined make up at least 80% of all bicycles around the world today. While no metro-city should expect all bicycles within the region to be of the same size, these three sizes should be fairly representative of the majority of residents' bicycle choices.

At present, it is difficult to get a particular bicycle out from a row of closely parked bicycles. One may have to move a few bicycles parked next to his bicycle in order to retrieve his own bike. During the process, he may cause some damage to others' bicycles.

For the Green Transportation System (GTS) to work in the most efficient way, the bicycle design is extremely crucial. We need a bicycle design which would require the smallest area for parking while at the same time not cause damage to other bicycles during the parking/retrieval process. For secured bicycle parking and storage, the bicycle would best be enclosed within an electronically-controlled lockable box. Cities would likely not be interested in installing bicycle storage boxes of different sizes, for the simple reason that no one can accurately determine the required distribution of the different sizes. As a result, we need to look for a bicycle design for which a single box can be used to store differently-sized bicycles, as noted in (A), (B) and (C) above. Obviously, the present situation of every one having his or her own bicycle would not work in this scenario. Finally, we need a bicycle design which would yield the lowest storage volume for the purpose of fitting as many storage boxes as possible into a limited and fixed volume, such as the interior of a bus or a rapid transit train.

VI. Recreation Bicycles and Transportation Bicycles

Today, most bicycles on the street are used for recreation purposes. They are all of different designs and it is difficult to integrate these recreation bicycles with the public transit system. In Vancouver, Canada, only limited integration has been achieved so far, as no more than two bicycles can be carried in a rapid transit train or on a bus. As a result, cyclists cannot travel very far from their own neighborhoods. In other words, the recreation bicycle, designed for recreation purposes, has limited range for transportation purposes. It is not practical for metro residents to use recreation bicycles to travel from one corner of a metropolitan city to the opposite corner of the same city within a reasonable amount of time.

The design capacity of a bus or a rapid transit train is 70 passengers. By limiting bicycle carrying capacity to two bicycles per bus or train, the public transit system in Vancouver, in effect, only allows a 2.85% (2/70) bicycle usage rate among metro residents making longer distance trips via public transit. As of the end of 2012, bicycle trips taken by Metro Vancouver residents made up only 1.8% of total trips. Without a proper bicycle design to quadruple the carrying capacity (from 2/70 to 8/70=11.4%) of public transit buses and rapid transit trains, as well as a capable Green Transportation System, Metro Vancouver cannot reach the double-digit percentage (over 10%) target for bicycle trips by 2020, which is required to reduce the number of automobiles on roads to one third of the present level by 2040.

Fortunately, there is a bicycle design which meets all the requirements outlined in Section V. The "stretching bicycle" is a perfect solution for creating a Green Transportation System (GTS). Stretching bicycles have three different models with 16-inch, 20-inch, and 26-inch wheels. A common box with interior dimensions of 105cm x 66cm x 35cm can be used for secured storage and transportation of any of the three models. Only one side of the six-sided rectangular box will serve as the opening for the lockable door to access the box.

VII. The Stretching Bicycle

Patents granted: DE: 102004025884
TW: M 255206
EPC: 1352821
US: 6,712,375
US: 6,971,658

Operation shown at: www.giatex.com

Compact capabilities:

(A) Stretching bicycles with 26-inch wheels:
Standard riding size: 170cm x 100cm x 60cm
Minimum compact size: 105cm x 66cm x 35cm
(with front wheel removed and other operations)
Compact ratio: 24%.

(B) Stretching bicycles with 20-inch wheels:
Standard riding size: 160cm x 100cm x 60cm
Minimum compact size: 102cm x 62cm x 35cm
(with front wheel removed and other operations)
Compact ratio: 24%.

(C) Stretching bicycles with 16-inch wheels:
Standard riding size: 130cm x 100cm x 60cm
Minimum compact size: 102cm x 57cm x 35cm
Compact ratio: 23%.

Considering all three wheel sizes shown above, a box with interior dimensions of 105cm x 66cm x 35 cm will be sufficient for the storage of any of the three models.

For this box, the compact ratio:
(a) stays the same for the bicycle with 26-inch wheels,
(b) becomes 26% for bicycles with 20-inch wheels, and
(c) becomes 31% for bicycles with 16-inch wheels.

Some municipalities may have existing by-laws regarding bicycle parking facilities. These by-laws state that, for safety reasons, bicycle parking facilities at certain locations, such as near intersections or street corners, cannot block views of passing vehicles at any time when there are no bicycles in such facilities. Under such circumstances, in order to satisfy these by-laws, boxes can be made of transparent materials.

VIII. Reduction in Required Parking Area per Stretching Bicycle in the Common Box

Assuming the box's wall is one centimeter thick, the exterior dimensions of the box will be 107cm x 68cm x 37cm:

(1) If 107cm is the box height, the box will have a bottom area of 68cm x 37cm = 0.25 square meters.

(A)   With one 107cm x 37cm side as the door in the front and 68cm as the depth:

(a)   A row of these boxes with all doors opening in the same direction would be the standard bicycle parking loaf configuration. Each box is similar to a slice of bread in a loaf (Image #1).   Since it is only 107cm in height, a second layer of boxes can be fixed on top of the first layer for a two-layer sidewalk bicycle parking complex.   In a two-layer set up, the parking area required per bicycle will be reduced to 0.125 square meters.   Compared to the numbers listed in Section V (i.e. 1.02 square meters for bicycles with 26-inch wheels, 0.96 square meters for bicycles with 20-inch wheels, and 0.78 square meters for bicycles with 16-inch wheels), this is a significant improvement.

(b) A short row of these boxes can be fitted onto the passenger side of a bus, to either side of the bus exit door (Image #2).   All box doors can be opened only from the outside of the bus. This would provide safe transportation of bicycles on buses without affecting any passengers. Compared to the present capacity of two bicycles in front, each bus can carry seven more bicycles.

(B) With the 68cm x 37cm top side as the door, boxes can form a two-dimensional matrix in a flat surface (Image #4):

(a) One layer ribbon-shaped matrix (total number of boxes in the 37cm direction is always less than four) can easily be integrated into an open space (such as a public park).   Visitors can store and pick up their bicycles from the side of the ribbon. The ribbon can be zigzagged into sections to conform to the landscaping.   It does not have to be flat on the same plane nor be straight so it can follow the contours of the landscape for aesthetic purposes.   If bicycle riders can pick up their bicycles from one side only, the ribbon width should be two boxes. If riders can pick up bicycles from both sides, the ribbon width should be four boxes.

(b) If each box were connected, on the bottom, to an automated system, and with about 10% vacant (i.e. no box) space, the whole complex can operate as a two-dimensional automated bicycle storage system (Image

159

#5).   Vertical layers of similar structures can be combined to form a three-dimensional automated bicycle storage system.   Some presently unused warehouses can eventually be converted to this type of structure.

(c) Inside a rapid transit train, space is extremely limited.   If we want to carry the box (along with a bicycle inside) into the train, it would be important to place the box in a fixed and lockable slot to ensure the safety of all passengers. The slot can be made to fit the box perfectly, and slots can be connected to form a slot complex inside the rapid transit train as well (Image #3).

(2)   If 37cm is the box height, the box will have a bottom area of 107cm x 68cm = 0.73 square meters.

(A) Four layers of these flat boxes can be put together with a supporting plateau of 20cm above ground to form bicycle parking complexes.   Each bicycle would require only 0.183 square meters (i.e. a quarter of 0.73 square meters) for bicycle parking.

(a) With the 107cm x 37cm side as the door in the front and 68cm as the depth, this kind of box complex can fit onto sidewalks of average width.

(b) With the 68cm x 37cm side as the door in the front and 107cm as the depth, this kind of box complex can fit onto sidewalks with relatively wide widths.

(B) Slots with vertical height slightly over 37cm would be able to accept boxes of either orientation (a) or (b) in the preceding paragraph. The same vertical array of slots can form a tower of slots (i.e. a high-rise tower-shaped slot complex (Image #1)). A box can be pushed or pulled from any of the slots by a fully automated robotic system. Furthermore, the box itself does not have to be opened on the same side as the slot's opening. In fact, for automated systems, it would be best to open the box from one of the 107cm x 68cm sides.

(3) If 68cm is the box height, the box will have a bottom area of 107cm x 37cm = 0.40 square meters.

Three layers of these flat boxes can be put together to form bicycle parking complexes. Each bicycle would require 0.133 square meters (i.e. a third of 0.40 square meters) for parking.

(A) With the 107cm x 68cm side as the door in the front and 37cm as the depth, this kind of box complex can fit onto narrow sidewalks.

(B) With the 37cm x 68cm side as the door in the front and 107cm as the depth, this kind of box complex can fit onto wide sidewalks.

IX. Central Components of the GTS: Three ID's and Other Facilities

Ownership ID card: identifies ownership of the stretching bicycle and can be used as a debit card to pay fees for bicycle transportation and storage.

Bicycle ID: installed on each bicycle to certify that the bicycle has been approved by the GTS.

Box ID: an ID for each individual box to help the GTS trace the box along with its contents.

On sidewalks, boxes can form different complexes to provide secured parking for up to four times the capacity of sidewalk bicycle racks.   Short rows of boxes with exterior openings can be fitted onto the passenger side of buses to quadruple the present bus storage capacity of having two bicycles in front.   For places needing high density bicycle parking, automated towers of slots or box warehouses can store far larger numbers of bicycles than any present means allow.   Slot complexes can be installed onto an area normally occupied by two bicycles inside a Vancouver rapid transit train (240cm x 72cm) for secured storage of up to ten bicycles.

All three IDs listed above, together with bicycle storage complexes, slots, towers, and warehouses, are connected electronically through a wireless, machine-to-machine (M2M) network to proper peripheral equipment in every complex and rapid transit station and to a central control unit, forming the GREEN TRANSPORTATION SYSTEM (GTS) for metropolitan cities.

X. GTS Operations at Rapid Transit Stations and Inside a Rapid Transit Train

Before the entrance to every rapid transit station, there will be a check-in point for bicycles. Bicycle owners shall provide their ownership and bicycle IDs for verification. If the bicycle had been reported stolen or was not approved for the GTS, the GTS will refuse to pop out a box. The GTS may also contact the police in the case of a stolen bicycle.

Accepted bicycles will be provided with an empty box for the cyclist to store his or her bicycle. Boxes will pass through a separate, small entrance and will be ready inside the station for the cyclist to pick up. No box can be opened while inside a rapid transit station or on a train. The cyclist picks up the box and boards a train. Inside the train, he or she places the box into one of the available slots, and the box will automatically be locked within the slot complex for safety.

As the cyclist is ready to disembark, he will use his ownership ID to remove the box from the slot complex. Before the cyclist leaves the rapid transit station, the box will be placed in a separate exit system with separate doors. Boxes will be opened outside the rapid transit station, and empty boxes will be returned to the station for reuse. The cyclist rides the bicycle to his destination.

XI. Conclusion

"Boxed stretching bicycle" is a revolutionary solution to integrate bicycles and public transit. Any stretching bicycle with 16-inch, 20-inch or 26-inch wheels can be securely stored and transported in a one-size box with interior dimensions of 105cm x 66cm x 35cm. Box complexes, slot complexes for boxes, and machine-to-machine (M2M) peripherals form a Green Transportation System (GTS) to serve a city's population. The number of automobiles on roads will be reduced to relieve traffic congestion.

The only way to effectively reduce carbon emissions is to reduce the number of vehicles in all cities around the world. Simply having lots of recreation bicycles on city streets is not a practical solution to achieve this objective, as it would eventually create bicycle overcrowding everywhere. Also, recreation bicycles are subject to theft and vandalism and they can only integrate with public transit in a very limited fashion. While recreation bicycles are in a rapid transit train, they may block entry and exit ways and potentially injure other passengers. Boxed stretching bicycles and the associated Green Transportation System (GTS) would be the only solution to these problems.

Although the way one rides a stretching bicycle is quite similar to the way one rides any other bicycle, the way to store the stretching bicycle is a revolutionary approach to solve most bicycle related issues in a metropolitan city. For the purposes of making cities greener, metro-cities certainly need stretching bicycles and the GTS.

These days, cities are encouraging residents to replace their petroleum-fueled vehicles with electric vehicles. Electric vehicles, however, will not reduce congestion, and they merely transfer carbon emissions from cities to other remote countries with battery manufacturing facilities. Unfortunately, we all share the same planet, and we cannot get green cities without a green world.

XII. Summary of Images for Box and Slot Configurations for Stretching Bicycles

(1) A standard bicycle parking loaf, and a bicycle parking tower of slots for boxes. This figure is not to scale.

(2) Short box complexes on both sides of the bus exit. This figure is to scale.

(3) The 10-slot complex for a Vancouver rapid transit train. This figure is to scale.

(4) Two-dimensional 10x10 box matrix which would be suitable for two-dimensional automation from the top. This figure is not to scale.

(5) Two-dimensional box matrix with some vacant space, which would be suitable for two-dimensional automation from the bottom. This figure is to scale. Layers of similar structures would be suitable for eventual three-dimensional automation – the ultimate bicycle warehouse.

BICYCLE PARKING TOAST   **BICYCLE PARKING TOWER**

IMAGE #1

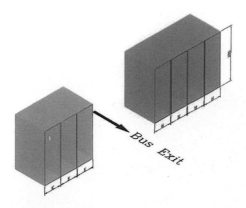

Bus Exit

IMAGE #2

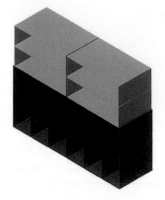

IMAGE #3

IMAGE #4

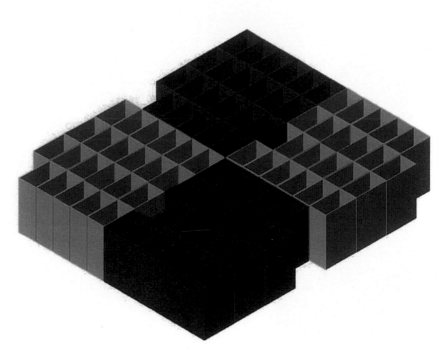

IMAGE #5

168

第三章

建議 LED 工業轉型生產 RED 微治療裝置。

本章建議把目前四大慘業之一的 LED 工業轉型生產 RED 微治療裝置。筆者逐步說明如下之本身經驗，建議一個全新的方向。

3.1 氣功大師的廣告。

　　2013 年 6 月，筆者在報紙上看到某氣功大師分析氣功治療理論的一篇文章，文章的內容如次頁所示。

康復能量抒解痠痛

炁(氣)療是一種完全自然地傳送生命能量的治療法，能幫助受損的細胞瞬間康復止痛，這既不屬中醫也不是西醫，不須吃任何藥物，所以也無任何副作用。宇宙在形成過程中，原本就存在著這種無處不在，無時不有的"宇宙生命能量"。人類是地球上最高靈性的動物，也擁有最多這種能量。人體由先天基因指導下並配合後天鍛煉與健康環境等，自身細胞的活力由小時具有的自然的高度康復力，隨年齡而衰退，到老時康復力衰弱至無法及時修復勞損的細胞，造成老來時多容易腰痠背痛，骨鬆無力。基因對內炁的吸收，就好像植物見到光。細胞內的染色體得到了炁的滋潤，就能活躍起來，瞬間自我調理

回到正常運作狀態，一般身體有不通或淤阻的地方也就能瞬間通暢而不痛了。事實證明炁療師的手所輕觸的地方，疼痛確實可在3秒內消失而完全無需任何藥物輔助。網站上有70多道視頻供世人見證。

一般來說，炁療如充電，一般只需幾秒至5分鐘，充再久改善也有限，但睡一覺後再炁療的效果會更好，因為睡覺時細胞會做更全面更徹底的修復。

內炁療法的特點：（1）高速康復，不須吃藥（2）無副作用，無針刺破皮感染等二次傷害，無化學藥品對肝腎的慢性破壞。（3）無需脫衣脫鞋，內炁能量可透過石膏或皮衣也無礙，過程簡單快速。

3.2 筆者膝蓋的痛苦及成因。

2012 年 5 月，筆者在台北世貿中心前，疾步過十字路口時，突然間一隻腳的膝蓋整個凍結住，不能做任何轉動調節！筆者只好用另一隻腳跳躍到路中心的安全島處，避開車禍；然後筆者只能努力自行按摩凍結的膝蓋，使它逐漸恢復少量功能。一小時後，始能勉強以枴杖輔助，離開世貿。從此筆者步行困難，拐杖纏身，極為不便，甚至無法描述如何痛苦。醫生建議更換膝關節，筆者始終毫無意願，一直拖延到 2013 年 6 月。

3.3 氣功大師的治療情況。

經過電話聯絡，筆者前往大師指定之場所，尋求大師的協助。

自 2012 年 5 月開始，一整年的痛苦過去，好不容易有機會拜見大師，尋求協助。

大師的手一摸筆者膝蓋，痛苦立刻少了一半！

兩天後，筆者再度向大師求治，唯此次並無立即之進展。大師的指示是：人體細胞的基因中，有能夠指示受傷部位自行治療的部份結構，受到氣功刺激活化，指示受傷部位的組織及細胞，開始恢復功能；但這是一個需要時間的過程。所以大師建議筆者回去後，務必每天努力進入深度睡眠狀態，使基因中已經被活化的部份，有時間能發揮功能，使人體受傷部位的細胞，自行依照基因的指令，逐漸恢復正常功能。

　　筆者自那天開始，遵循大師的指示。果然，三天以後，筆者一大早醒來，霍然感覺到痛苦已減少了 70%！

　　筆者立即再找大師，尋求進一步深化治療；唯大師以工作太忙，無暇協助。

3.4 筆者的膝蓋疼痛分析。

　　筆者超過一年的痛苦，此時終於可以分解成三個部份，70%為痛，25%為發酸無力，其餘 5%則是重，那隻腳似乎綁了一個 5 公斤的鉛球！

3.5 筆者自己發現的治療方法。

在大師沒空協助的狀態下，筆者覺得必須靠自己，設法繼續改進。

有一天非常熱，筆者穿了短褲出門，太陽光照在膝蓋上，筆者突然覺得，那種陽光照射在膝蓋上的感覺，與氣功大師的手掌，壓在膝蓋上的感覺，完全相同！如果以陽光照射，不知是否可以取得與氣功大師治療相同的效果？

有了這個方向以後，筆者努力的把受傷的膝蓋晒太陽，膝蓋附近的皮膚都因此被灼傷；但是膝蓋本身的痛苦，卻逐日的減輕；兩週下來，筆者的膝蓋，痛苦已經減輕了 95%！

同時，筆者也測試出，中午 12 時的太陽，只能晒 10 分鐘；下午 5 時以後的太陽，照射的時間則以 30 分鐘為上限；如此，膝蓋附近的皮膚，就不會被日光灼傷，才可以保持在最好的改進狀態。

95%痛苦的消失，筆者大致上已可行走自如約每日 5 公里；目前痛苦的部位，似乎已從膝蓋的左半邊轉移到同一膝蓋的右半邊，感覺上是淤血的問題。

3.6 筆者推測可能發生的基因激活狀態。

以筆者對基因內部複雜分子團結構的粗淺瞭解，某一些分子團可能受到能量激發，進入激活狀態；該激活狀態可以發出指令，指示痛苦部位的組織細胞，逐漸恢復正常功能。

這一部份的專業知識，牽涉到生物化學中複雜的理論，筆者只是門外漢而已。

筆者能夠瞭解的是：這些能夠發揮治療功能的分子團，自基本狀態進入激活狀態，有一定的能量差；這個固定的能量差，可以由某一個固定波段的電磁波照射提供；該可能引發共振吸收的電磁波段的能量並不高，多半在紅外線區域內；這是市面上遠紅外線治療，已經非常活躍的原理。

但是，這些所謂遠紅外線治療的裝置，它們的治療效果，可能與氣功大師的治療效果，相當接近；並不是每一個病人，都能得到大幅度的改進；而且，治療效果是否能夠繼續維持下去，也大有疑問。

3.7 氣功治療並非人人都有效。

　　兩週以後，筆者另外安排九位朋友，請大師服務一次；這九位朋友，各有不同的筋骨酸痛部位。大家一致的感覺是：大師手掌觸及的部位，均有大量熱能湧入，使痛苦立即減輕，但是，大師的手一旦離開，痛苦卻會逐漸恢復，改進的狀態似乎無法持久，很容易消失！九個朋友加上筆者，總共十個人中，只有兩個人的痛苦，能夠大幅度的減輕。

3.8 LED 與 RED。

　　LED(Light Emitting Diode)是 RED(Radiation Emitting Diode)的一部分，如果 RED 在正向電壓下的兩極體發出的電磁波段在可見光區域，才叫做 LED。

3.9 建議 LED 工業開發 RED 微治療裝置產品。

目前台灣的 LED 工業，實在是最適合開發 RED 的微治療裝置為創新產品的時機。

以各種不同化合物半導體製造出的 RED，對台灣的 LED 工業來說，並非難題。RED 的生產技術，配合中醫對人體穴位的專業技術，可以測試出各種不同電磁波段的 RED，對個別病人的筋骨酸痛，是否具有合適的治療效果；如果把這種 RED，安排在這些穴位的鄰近位置，使病人能夠覺察出最大的治療效果，應該是 LED 工業，向 RED 微治療裝置進行開發的一個重要方向。

3.10 全新的 RED 方向。

筆者深信，這個新的開發方向，可以把目前的 LED 工業邁向另一個全新的 RED 微治療裝置工業，也是生技業的一種。

RED 可以黏貼在穴位附近（體外治療）；電池也可以微型化，用無線充電的技術，保持電池及 RED 操作正

常。

　　最後的目標，應該是朝殖入穴位（體內治療）努力，即使是只有 20%的筋骨酸痛病人，能得到合理的治療效果，也已經是一個無限龐大的市場！基因的激活狀態，通常不止一個；對每一種激活狀態來說，只有一種波段的 RED 可以經由共振吸收電磁波，達到想要的效果；這個波段的位置，也大有可能在可見光區，甚至可能在紫外光區；每一種不同的激活狀態，又可能產生不同的治療效果。

　　筆者希望 LED 工業，能夠迅速的朝 RED 微治療裝置方向轉型。

3.11 三種基本半導體的 IED。

　　Ge(鍺)、GaAs（砷化鎵）及 Si（矽）是已知半導體中研究最深入的材料，以他們加工形成的電磁波兩極體的電磁波都不在可見光區，而在紅外光區。所以都不是 LED 而是 IED(Infrared Emitting Diode)。

　　這三種材料的醫療用途，是一個全新的開發方向。

附錄

附錄 A：與「伸縮式自行車 B8」案有關的專利說明書
M255206　　A1：M255206(B8) 伸縮式自行車

四、中文創作摘要　　（創作名稱：伸縮式自行車）

　　一種伸縮式自行車，主要係於一前車架之一車頭管處連接有一向後延伸並偏離前、後輪間中心線平面的子管，並於後車架之五通管上連接有一向上延伸並位於中心線平面上的座管，其一頂端可供一與之位於同一軸線上且固設有一座墊的座墊立管插入其內，而其一側面則連接有一偏離中心線平面並與子管共線之中空母套管，母套管具有兩個開口端，使子管以可相對位移方式穿插通過母套管內，並於母套管之兩個開口端處分別設有供向內迫緊鎖固子管的第一及第二扣件；藉由子管與母套管間的相對位移運動，可調整前、後車架之間距者。

伍、（一）、本案代表圖為：　圖一

英文創作摘要　　（創作名稱：Stretchable Bicycle）

四、中文創作摘要　（創作名稱：伸縮式自行車）

（二）、本案代表圖之元件代表符號簡單說明：

10　前車架	11　子管
12　車頭管	13　車把手
14　前叉管	15　前輪
16　把手立管	17　折疊鉸鍊
20　後車架	21　鏈條式傳動裝置
22　母套管	23　座墊立管
24　座管	25　後輪
27　曲柄式腳踏板	28　後叉上管
29　後叉下管	30　第一扣件
31　第二扣件	32　補強連接管
33　開口端	34　開口端

英文創作摘要　（創作名稱：Stretchable Bicycle）

GA031031.ptd

2211

四、中文創作摘要　（創作名稱：伸縮式自行車）

35	五通管	38	T形裂縫
39	T形裂縫	52	蓋子
53	蓋子	55	座墊
60	中空狀插置管	61	迫緊螺栓

英文創作摘要　（創作名稱：Stretchable Bicycle）

GA031031.ptd

2212

五、創作說明（1）

【新型所屬之技術領域】

本創作係有關於一種伸縮式自行車，特別是關於一種具有最大伸縮長度且更輕量化、結構強度更佳的伸縮式自行車結構。

【先前技術】

伸縮式自行車具有收藏時可縮短車架長度以及可供不同體型之騎士自行調整車架長度的兩大特點，因而繼折疊式自行車後，成為廣受消費者喜愛的新車種。

如圖十所示者，係一種習用伸縮式自行車之結構（下稱引證案一），其主要係將傳統自行車中原焊固於車頭管93與座管92間的上管，截斷成可相互伸縮滑移的兩段式上管90、91，並利用一迫緊螺栓94予以迫緊定位。其缺點在於後段上管91被座管92所封閉，使前段上管90因受到座管92的阻礙，只能做較小距離的伸縮滑移，即使將前段上管90縮短至被座管92阻礙為止之最大可縮短長度時，整個車子仍佔用了很大的空間，不利於收藏，也影響了攜帶的便利性。另外，騎士踩踏兩側腳踏板95時，產生一軸向分力及一徑向分力，軸向分力經由鏈條96帶動車輪前進，徑向分力則使自行車左右偏擺，在伸縮式自行車中，該徑向分力更使相互套接的前、後段上管90、91間產生一相對扭轉運動，然而引證案一僅以單點式迫緊螺栓94定位該前、後段上管90、91，其無法完全克服該兩段式上管90、91間的相對扭轉運動，導致騎士騎乘自行車時無法有效維持平衡，進而衍生騎乘困難甚至意外摔車的問題。

五、創作說明（2）

　　如圖十一及圖十二所示者，本案申請人前於民國91年1月25日提出申請之我國第091200732號新型專利申請案（下稱引證案二），係提供一種可完全改善上述引證案一所有缺點的新型伸縮式自行車結構，其主要構造特徵係於後車架之五通管70上分別焊固有向上延伸且相互平行的一偏移座管71及一位於前、後輪72、73所構成中心線平面上的支撐立管74，構成一複合式座管構造，其中該偏移座管71可供插設固定一座墊立管75，座墊立管75頂端利用一側面撐管76連接一被重新校正回到中心線平面上的座墊77；而該支撐立管74配合一補強連接管86在其頂端架設固定有一位於中心線平面上且兩端均呈開口狀的中空母套管78，其兩個開口端處分別開設有一軸向裂縫79，使之具有被向內束緊的彈性應變能力；一被焊固於前車架之車頭管80上亦位於中心線平面上的子管81，以可相對滑動方式穿插通過該母套管78，並利用兩端快拆式扣件82、83束緊於該兩個開口端處，使之向內變形迫緊穿過其內的子管81，該母套管78及子管81之內側壁面上更設有相互嵌合的凸緣84及凹槽85。引證案二藉由兩端扣件82、83以彈性迫緊方式鎖固該母套管78及子管81，以及設有相互嵌合的凸緣84及凹槽85，確實具有防止母套管78及子管81間相對扭轉的技術課題；且子管81可完全穿過該母套管78的兩個開口端，不受到已被偏移設置之座管71之阻礙，而使兩者間具有一最大的伸縮長度，因此在收藏或攜帶自行車時，具有使車架長度縮至最短狀態的優點。引證案二已較引證案一增進可延

2215

五、創作說明（3）

長伸縮長度以及可防止前、後車架間產生不當相對扭轉等
諸多優點，而為一新穎且實用之新型創作。然而引證案二
亦因設置有複合式座管71、74及側面撐管76，以致車重略
微增加；再者，座管71被偏移設置後，座墊77需藉由一側
面撐管76重新校正至中心線上，此亦使座墊77與座墊立管
75間具有一偏移角度，因此，當座墊77承載騎士體重時，
該座墊立管75將同時承受一軸的推力及一徑向的扭力，此
將略微影響座墊77的荷重能力，其雖可藉由增加座墊立管
75及側面撐管76的厚度，解決座墊77之荷重能力略受影響
的問題，惟此舉將使引證案二之車重更為增加，且使其製
造成本亦隨之上揚。由此可見，引證案二雖已具備有上述
之具有最大伸縮長度及可防止相對扭轉之重大優點，但仍
有些許小缺陷，而有值得進一步改良的努力空間。

【新型內容】

　　　本創作之目的係提供一種伸縮式自行車，其不但可解
決上述引證案一伸縮長度受到座管所阻礙以及無法防止兩
個相互套接管件產生相對扭轉之技術課題，同時亦可解決
引證案二因偏移座管後所衍生車重略微增加以及座墊荷重
能力略受影響的技術課題。換言之，本創作同時具備有：
1）可將車架長度縮短至最小長度，藉以有效減少其收藏體
積，增進其攜帶便利性（可在縮短車架長度後，將伸縮式
自行車放置於一般汽車行李廂載運）；2）可防止兩個相互
套接管件間之相對扭轉現象，使其騎乘時如同固定式車架
結構之傳統自行車般容易，而無一般習用伸縮式自行車

2216

五、創作說明（4）

（如引證案一所示者）般難以維持騎乘平衡的問題；3）無需設置複合式座管結構，使車重更為輕量化，更有利於其攜帶性，同時製造時更為容易，且無需重新校正座墊的中心線；以及4）座管無須偏移設置，因此座管、座墊立管及座墊均位於同一軸線上，並與前、後輪位於同一平面上，結構強度更佳，且座墊的荷重能力不受任何影響者。

可達成上述創作目的之伸縮式自行車，主要係將可相對伸縮位移的母套管及子管偏移設置至一不與前、後輪位於同一中心線平面的偏移位置上，而座管、座墊立管及座墊則設置於與前、後輪位於同一平面之中心位置上，因此，已被偏移設置之子管在進行伸縮位移運動時，不會受到位於中心位置上之座管所阻礙，而能完全穿過母套管的兩個開口端，使其具有一最大伸縮長度者。

在一較佳實施例中，該兩端均為開口的中空母套管之近尾端處係利用一接合補強片而被焊固於該座管的側面，而其近前端處則焊固有一另一端被焊固於五通管上的補強連接管，該補強連接管具有一偏離前、後輪間平面的適當斜度，因而使該母套管位於一偏離該前、後輪間中心線平面的偏移位置上；至於該子管則係以一相同於該母套管的偏離斜度自前車架之車頭管處向後延伸，使該子管的尾端可自由穿過該相同斜度之母套管的兩個開口端，不會受到位於中心位置上之座管所阻礙者。

【實施方式】

請參閱以下有關本創作較佳實施例之詳細說明及其附

五、創作說明（5）

圖，將可進一步瞭解本創作之技術內容及其目的功效：

　　請同時參閱圖一至圖三，本創作所提供伸縮式自行車之第一較佳實施例，係將自行車本體分成兩部分，分別為前車架10與後車架20。其中，前車架10包括有一車頭管12，一由下向上穿插通過該車頭管12的前叉管14，該前叉管14頂端與一車把手13的把手立管16相互聯結，前叉管14底端則利用螺帽或快拆桿等已知組合構件組裝有一可自由轉動的前輪15，該前叉管14與車頭管12間一般均裝設有兩端軸承，使車把手13可於一角度範圍內自由轉動，以作為供騎乘者操控的主要轉向構件；另外，在把手立管16上接近該車頭管12處設有一折疊鉸鍊17，使該把手立管16連同該車把手13可被向下折疊，以便縮小其收藏體積。

　　該後車架20包括有一供安裝一曲柄式腳踏板27及一鏈條式傳動裝置21的五通管35，該五通管35上焊固有一大致向上延伸的座管24，並於座管24上分別焊固有一大致向後延伸的後叉上管28及一後叉下管29，後叉上、下管28、29共同組成一後叉管組件，其尾端併合後，利用螺帽等已知組合構件組裝有一可被該傳動裝置21帶動而旋轉的後輪25。該座管24頂端利用一快拆桿等已知構件穿插鎖固有一可調整高度的座墊立管23，座墊立管23頂端則固設有一供騎士跨坐的座墊55。

　　本創作之技術特徵係如以下所陳述者。

　　該前車架10之車頭管12側面更焊固有一向後延伸且不與該前、後輪15、25位於同一中心線平面上的子管11，在

五、創作說明（6）

本實施例中，該子管11係位於一平行於該前、後輪15、25間中心線平面之一偏移位置上。請配合參閱圖四所示者，該子管11的縱斷面為橢圓形，但其亦可為例如圓形、矩形等任意幾何圖形；另外，在焊接子管11與車頭管12之側面時，可在兩者間加襯一大致成平置U字形的接合補強片18，其垂直片體部份與車頭管12間形成面接觸，而其上、下水平片體則與該子管11形成面接觸，藉以增加該子管11與車頭管12間的焊接組合強度。

該子管11內部為中空狀，且其兩端端開口處分別設有一蓋子52、53，使之可利用該子管11之內部空間儲存例如雨傘、打氣筒等物品，如將本創作製成電動自行車時，則該子管11之內部空間，恰可供放置電池組。

該後車架20更包括有一被焊固於該座管24側面且兩端33、34均呈開口狀的中空母套管22，該母套管22係位於一與該子管11共線的位置上，亦即其亦係位於一平行於該前、後輪15、25間中心線平面之一偏移位置上。該母套管22的形狀與該子管11相同，且其內徑與該子管11的外徑相當，而容許該子管11的尾端以可相對滑移方式，穿插通過其兩個開口端33、34。在本實施例中，該子管11及母套管22之縱斷面均被構形成橢圓形，使其具有可防止兩者相對扭轉的功能。該兩個開口端33、34的周緣處分別開設有一個T形裂縫38、39，使其均具有被向內束緊的彈性趨勢，利用第一及第二扣件30、31分別束緊於該母套管22具有T形裂縫38、39的兩個開口端33、34處，使其兩個開口端

2219

五、創作說明（7）

33、34向內變形迫緊穿過其內的子管11，藉以迫緊固定該子管11於如圖二或圖七所示之騎乘位置或者如圖八所示的收藏位置上。

上述的第一及第二扣件30、31可採用現有的市售產品，如C型夾、快拆桿等，亦可如圖一所示之構成樣態。請配合參閱圖五所示者，以第一扣件30為例說明，該前開口端33與該T形裂縫38間共同界定出兩片相對隔開且具有彈性應變能力的懸垂片體40、41，並於上、下兩端懸垂片體40、41上分別垂直焊固有一相對的有孔突耳42、43；該第一扣件30的一螺桿44穿過該兩片有孔突耳42、43後，與一螺帽45相互螺合。當使用者扳動一被樞接於螺桿44另端的偏心扳桿46時，其凸輪表面47與該螺帽45可相對施力於該兩片有孔突耳42、43上，進而帶動該兩片懸垂片體40、41相對接近，產生一向內迫緊穿過母套管22內之子管11的形變作用力。反之，如反向扳回該偏心扳桿46時，則兩片懸垂片體40、41相對遠離，使之放鬆該子管11。第二扣件31的構成與第一扣件30相同，不另贅述。

請配合參閱圖五，該子管11於其底面處設有一例如內凹溝槽的嵌合構件36；至於該母套管22則於其底面處配合設置有一對應的嵌入構件37，該嵌入構件37得為一配合該內凹溝槽的向內凸出的嵌入凸緣，母套管22的嵌入構件37恰可嵌入於子管11的嵌合構件36內，藉以防止子管11與母套管22間產生相對扭轉現象。

請配合參閱圖六所示者，在焊接母套管22與座管24之

五、創作說明 (8)

側面時，可在兩者間加襯一大致成平置U字形的接合補強片26，其垂直片體部份與座管24間形成面接觸，而其上、下水平片體則與該母套管22形成面接觸，藉以增加該母套管22與座管24間的焊接組合強度。另外，該母套管22近前端處與該五通管35間更焊固有一補強連接管32，為配合該母套管22的偏移位置，該補強連接管32具有一偏離該前、後輪15、25間平面的適當斜度。該母套管22、座管24及補強連接管32間形成一三角型結構體，而後叉上、下管28、29與座管24間亦形成另一三角形結構體，可使本創作的車體結構達到最穩固的效果。

　　本創作中，可相對伸縮位移的母套管22及子管11係被偏移設置至一不與前、後輪15、25位於同一平面的偏移位置上，而座管24、座墊立管23及座墊55則設置於與前、後輪15、25位於同一平面之中心位置上，因此，已被偏移設置之子管11在鬆開該第一及第二扣件30、31之情形下，即可相對於該母套管22進行伸縮位移運動，其不會受到位於中心位置上之座管24所阻礙，而能完全穿過母套管22的兩個開口端33、34，使其具有一最大伸縮長度者。例如該子管11可被調整成如圖二所示的最大伸展位置上，使該自行車適於供一般成人騎乘。該子管11亦可被調整成如圖七所示之任一中段位置處，使該自行車可供體型較小人士或者兒童騎乘。亦可如圖八所示者，將該子管11縮收至車頭管12接觸母套管22的最小縮收位置，藉以將車架長度縮小至最短長度；必要時，更可將該座墊立管23自該座管24上拆

五、創作說明（9）

下，並將之插置於一被橫向焊固於該座管24上之中空狀插置管60內，該插置管60上螺合有一迫緊螺栓61，其可被向內旋轉迫緊固定該座墊立管23；同時，該把手立管16更可利用該折疊鉸鍊17而被向下折疊，令自行車形成一最小收藏體積狀態，更可將縮短車架長度後的自行車放置於一般汽車之行李廂中，載運至郊外或他處後，再將之重新調整定位於騎乘位置，即可供騎士進行郊外休閒活動時騎乘者。

請參閱圖九，本創作所提供伸縮式自行車之第二實施例，其與第一實施例不同處主要係將子管11'的前端直接焊固於該車頭管12上，並使之以一偏離該前、後輪15、25間中心線平面的適當斜度向後延伸；同時該母套管22'的前端亦配合該子管11'的斜度，具有一略微偏回該前、後輪15、25間平面的斜度，而且，該母套管22'與該子管11'的斜度必須相同，並位於同一軸線上，使該子管11'可被順利穿插通過該母套管22'的兩個開口端33'、34'。

綜上所述，本創作所提供之伸縮式自行車，不但可解決前述引證案一伸縮長度受到座管所阻礙以及無法防止兩個相互套接管件產生相對扭轉之技術課題，同時亦可解決引證案二因偏移座管後所衍生車重略微增加以及座墊荷重能力略受影響的技術課題。換言之，本創作同時具備有：1）可將車架長度縮短至最小長度，藉以有效減少其收藏體積，增進其攜帶便利性；2）可防止兩個相互套接管件間之相對扭轉現象，使其騎乘時如同固定式車架結構之傳統自

五、創作說明（10）

行車般容易，而無一般習用伸縮式自行車般難以維持騎乘平衡的問題；3）無需設置複合式座管結構，使車重更為輕量化，更有利於其攜帶性，同時製造時更為容易，且無需重新校正座墊的中心線；以及4）座管無須偏移設置，因此座管、座墊立管及座墊均位於同一軸線上，並與前、後輪位於同一平面上，結構強度更佳，且座墊的荷重能力不受任何影響者。

　　上列詳細說明係針對本創作之一可行實施例之具體說明，惟該實施例並非用以限制本創作之專利範圍，凡未脫離本創作技藝精神所為之等效實施或變更，均應包含於本案之專利範圍中。

2223

圖式簡單說明

　　圖一為本創作伸縮式自行車第一實施例之立體分解視圖；

　　圖二為圖一所示自行車位於最大伸展長度時之立體組合視圖；

　　圖三為圖二所示自行車之平面視圖；

　　圖四為沿著圖三中的4～4線所繪製成的剖面放大視圖；

　　圖五為沿著圖三中的5～5線所繪製成的剖面放大視圖；

　　圖六為圖三所示自行車之背面部份放大視圖；

　　圖七近似於圖二，而為該自行車被調整至不同車架長度時之立體視圖；

　　圖八近似於圖七，而為該自行車被調整至最小縮收長度時之立體視圖；

　　圖九為本創作伸縮式自行車第二實施例之立體組合視圖；

　　圖十為一種習用伸縮式自行車之結構平面圖；

　　圖十一為本案申請人前提出申請之引證二案之立體組合視圖；以及

　　圖十二為圖十一所示自行車中複合式座管結構之正面部份放大視圖。

【主要部分代表符號】

10　前車架	11　子管
11'　子管	12　車頭管

GA031031.ptd

2224

M255206

圖式簡單說明

13	車把手	14	前叉管
15	前輪	16	把手立管
17	折疊鉸鍊	18	接合補強片
20	後車架	21	鏈條式傳動裝置
22	母套管	22'	母套管
23	座墊立管	24	座管
25	後輪	26	接合補強片
27	曲柄式腳踏板	28	後叉上管
29	後叉下管	30	第一扣件
31	第二扣件	32	補強連接管
33	開口端	33'	開口端
34	開口端	34'	開口端
35	五通管	36	嵌合構件
37	嵌入構件	38	T形裂縫
39	T形裂縫	40	懸垂片體
41	懸垂片體	42	有孔突耳
43	有孔突耳	44	螺桿
45	螺帽	46	偏心扳桿
47	凸輪表面	52	蓋子
53	蓋子	55	座墊
60	中空狀插置管	61	迫緊螺栓

GA031031.ptd

2225

六、申請專利範圍

　　　1. 一種伸縮式自行車，包括有：一前車架，其設有一車頭管，一由下向上穿插通過該車頭管的前叉管，該前叉管頂端與一車把手的把手立管連接，其底端組裝有一可自由轉動的前輪；以及一後車架，其設有一供安裝一曲柄式腳踏板及一傳動裝置的五通管，該五通管延伸聯結有一後叉管組件，並於該後叉管組件上組裝有一可被該傳動裝置帶動而旋轉的後輪，該後輪與該前輪位於同一中心線平面上；其特徵在於：

　　　該車頭管連接有一向後延伸並偏離該中心線平面的子管；

　　　該五通管上連接有一向上延伸並位於該中心線平面上的座管，其一頂端可供一與之位於同一軸線上且固設有一座墊的座墊立管插入其內，而其一側面則連接有一偏離該中心線平面並與該子管共線之中空母套管，該母套管具有兩個開口端，使該子管以可相對位移方式穿插通過該母套管，並於該母套管之兩個開口端處分別設有供向內迫緊鎖固該子管的一第一及一第二扣件者。

　　　2. 如申請專利範圍第1項所述之伸縮式自行車，其中該子管內部設有一嵌合構件，而該母套管內部則設有可嵌入該嵌合構件內的嵌入構件，藉以限制該子管與該母套管間產生一相對旋轉運動者。

　　　3. 如申請專利範圍第1項所述之伸縮式自行車，其中該母套管與該五通管間更焊固有一補強連接管，該補強連接管具有一偏離該中心線平面的斜度者。

六、申請專利範圍

4. 如申請專利範圍第1項所述之伸縮式自行車，其中該母套管與該座管間加視有一分別與兩者形成面接觸之接合補強片。

5. 如申請專利範圍第1項所述之伸縮式自行車，其中該子管係被連接於該車頭管之一側面上，並以一平行於該中心線平面之一偏移角度向後延伸者。

6. 如申請專利範圍第5項所述之伸縮式自行車，其中該子管與該車頭管間加視有一分別與兩者形成面接觸之接合補強片。

7. 如申請專利範圍第5項所述之伸縮式自行車，其中該子管為一兩端均為開口端的中空管件，其內部形成為一置物空間，並可分別利用兩端蓋子封閉該置物空間者。

8. 如申請專利範圍第1項所述之伸縮式自行車，其中該母套管的兩個開口端分別開設有一個T形裂縫，使該母套管在被該第一及第二扣件鎖固時，具有向內迫緊該子管的彈性趨勢。

9. 如申請專利範圍第8項所述之　　　　　　　　，其中該兩個開口端與該兩個T形裂縫間分別界定出兩片相對隔開且具有彈性應變能力的懸垂片體，並在該兩片懸垂片體上分別垂直焊固有一相對的有孔突耳，該第一及第二扣件之一螺桿分別穿過該兩片有孔突耳後，分別與一螺帽相互螺合，該螺桿的另一端則樞接有一偏心扳桿；操作該偏心扳桿時，藉由其凸輪表面與該螺帽相對施力於該兩片有孔突耳上，進而帶動該兩片懸垂片體相對接近及相對遠離

六、申請專利範圍

者 。

2228

M255206

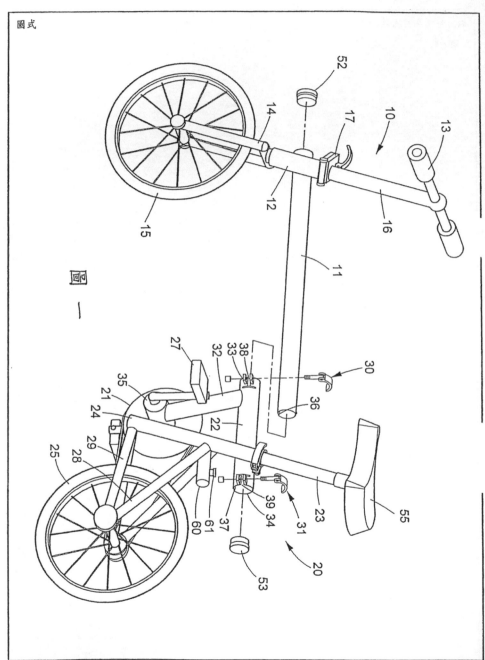

圖一

M255206

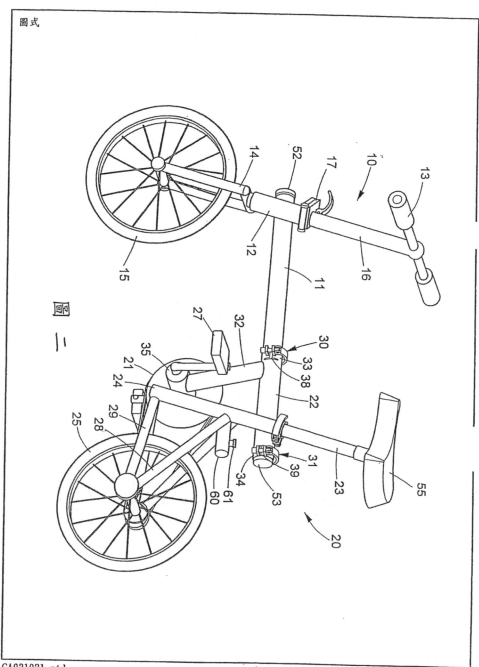

圖 一

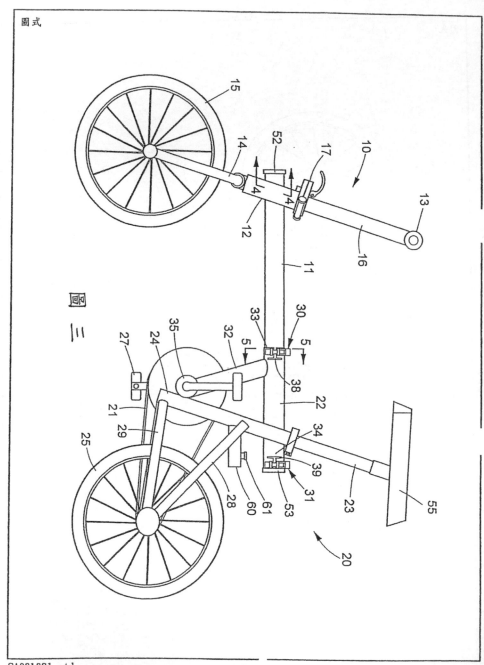

圖三

M255206

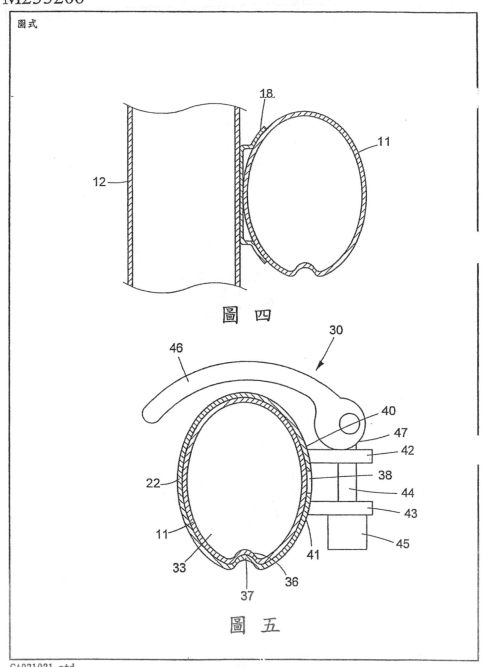

圖 四

圖 五

2232

圖式

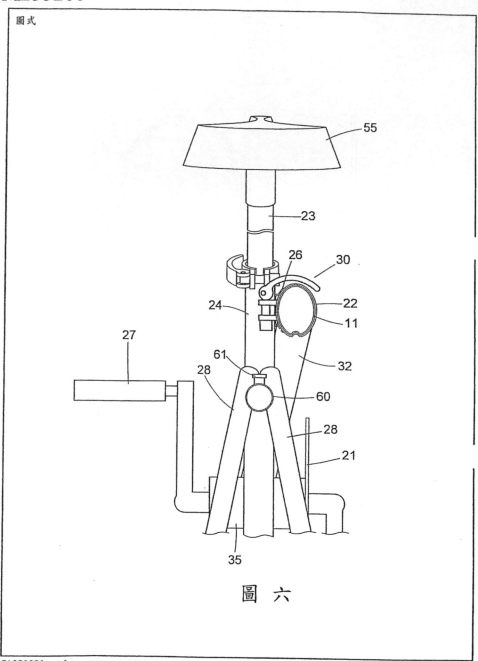

55

23

26
30

24
22
11

27

32

61
28

60

28

21

35

圖 六

M255206

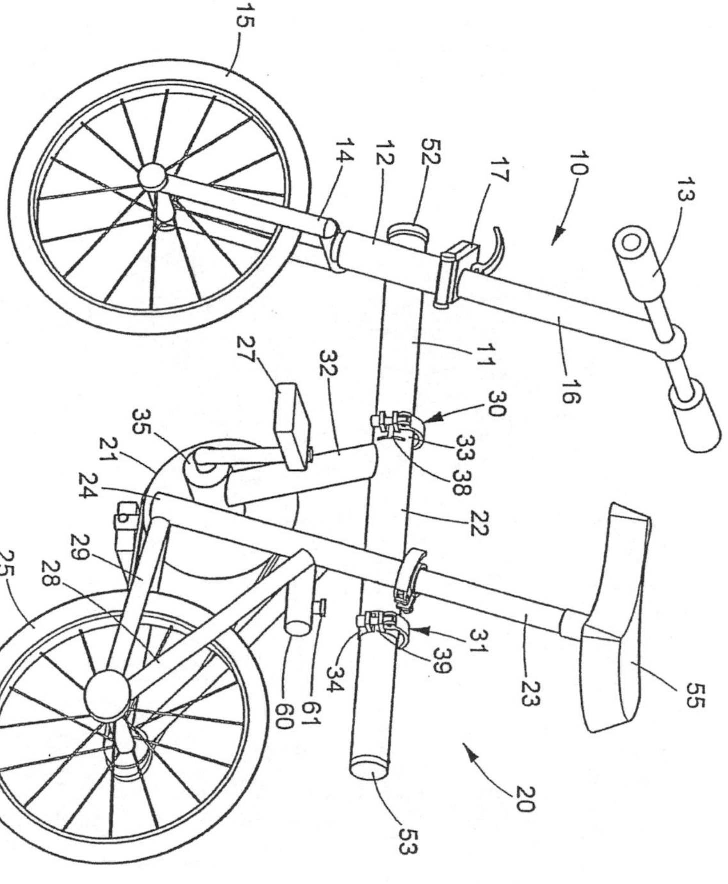

圖七

M255206

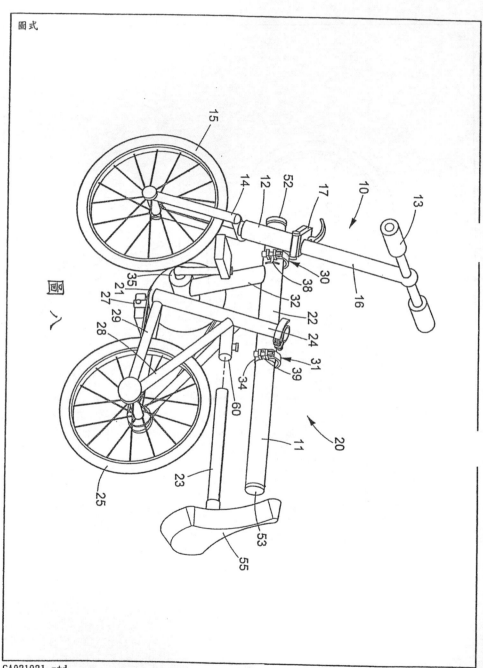

圖八

圖式

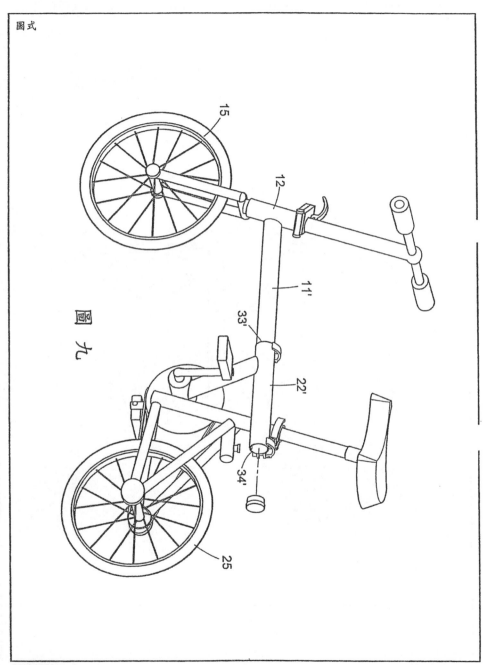

圖 九

圖式

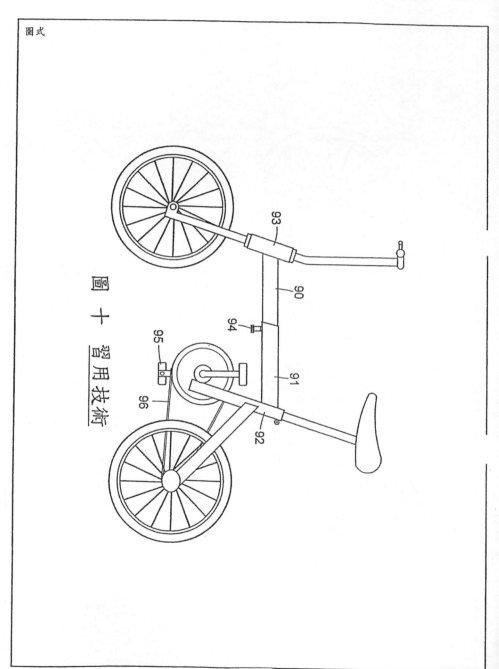

圖 十 習用技術

2237

圖式

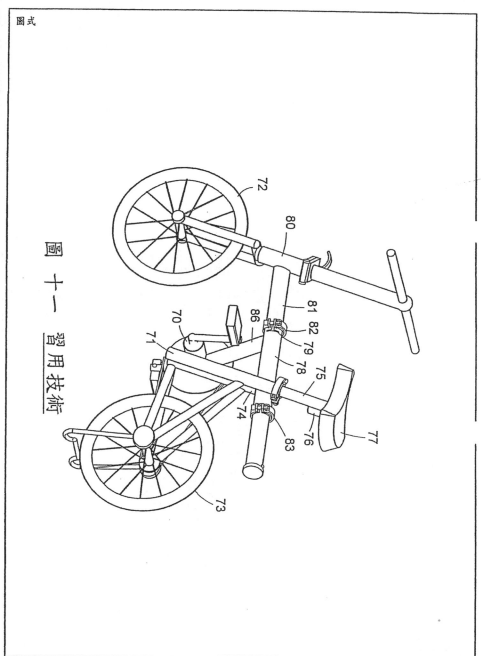

圖 十一　習用技術

圖式

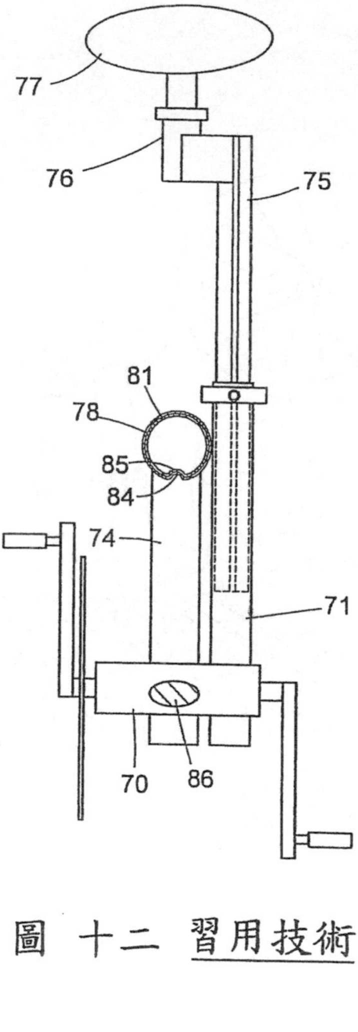

圖 十二 習用技術

四、中文創作摘要　（創作名稱：自行車套接管件之防扭轉構造）

　　一種應用於伸縮式或組合式自行車中套接管件之防扭轉構造，其包括有一設置於第一管件套入部位上的嵌合構件以及一設置於第二管件被套入部位上並對應於該嵌合構件的嵌入構件；第二管件的被套入部位上開設有一個軸向裂縫，使被套入部位的開口端具有被向內束緊的彈性趨勢，並利用一扣件束緊於該第二管件的被套入部位，使之向內變形迫緊穿過其內的第一管件，進而使嵌合構件與嵌入構件間以彈性迫緊方式相互緊密貼合，藉以防制第一與第二管件間產生不當相對徑向扭轉現象者。

伍、（一）、本案代表圖為：圖一
　　（二）、本案代表圖之元件代表符號簡單說明：

英文創作摘要　（創作名稱：）

GA031002.ptd

354

四、中文創作摘要　（創作名稱：自行車套接管件之防扭轉構造）

　　　　10　第一管件　　　　　　11　套入部位
　　　　20　第二管件　　　　　　21　被套入部位
　　　　30　防扭轉構造　　　　　31　嵌合構件
　　　　32　嵌入構件　　　　　　33　軸向裂縫
　　　　34　迫緊式扣件　　　　　40　C形斷面環狀墊圈

英文創作摘要　（創作名稱：）

五、創作說明（1）

【新型所屬之技術領域】

本創作係關於一種伸縮式或組合式自行車中套接管件之防扭轉構造。

【先前技術】

自行車的車架結構概分為固定式、折疊式、伸縮式及組合式等種類。

固定式車架結構係將車頭管、前叉、上管、下管、中管及後叉等車架管，以永久性結合方式相互焊接或熔接成一體。其優點為車架結構強度佳以及外觀造型設計較不受限制，易於設計出例如菱形車架等較易於被消費者接受及喜愛的外觀造型；而其缺點則為包裝材積過大，造成倉儲、包裝、貨櫃運送等成本大幅增加，尤其是其車架長度較長以及重量非輕（尤指電動自行車），使其在收藏及搬運上均較不便利，此缺點造成消費者難以使用一般小型轎車載運該固定式車架結構之自行車至郊外進行騎乘，影響自行車應具有的休閒及健身功能；目前市面上雖有各式車用自行車固定架，供使用者將自行車架設於車頂或車尾的固定架上，惟其不但在架設自行車之操作上較為煩瑣，且可能影響行車安全。

折疊式車架結構主要係在車架中間設置至少一個使車架可相互前後對折的折疊鉸鍊構件，其優點為藉由折疊可縮短車架長度，便於收藏以及可利用轎車載運該折疊式自行車至郊外騎乘。而其缺點則為車架結構強度不佳，必須借助補強結構予以補強，否則易從折疊鉸鍊處產生斷痕，

五、創作說明（2）

同時其外觀造型受到折疊鉸鍊及折疊方向等諸多限制，不易設計出易於被消費者接受及喜愛的外觀造型；另外，在包裝材積上，折疊自行車經折疊後雖可縮短長度，惟其整體寬度卻隨之大幅度增加，故其折疊後並無法有效減少包裝材積，對於製造商及經銷商而言，不論收藏或運送上仍有其不便性；同時，折疊自行車之車重反較一般固定式自行車更重，其搬運性反而不如固定式自行車。

伸縮式自行車則係將一車架管（尤指上管）截斷成兩段，並使該兩分段管件以可相對伸縮方式相互套接，藉以延長或縮短車架長度，其在縮短後較易於收藏及利用一般轎車行李廂載運至郊外騎乘。

至於本案申請人前多次提出專利申請之組合式自行車，主要係將車架結構區分成相互分離的前車架及後車架，再藉由至少一個組裝結構將前、後車架組立成完整車架結構；其同時具備有結構強度佳、外觀造型設計不受限制、組裝快速簡單、分散車重使搬運性更優、確實減少包裝材積以及可利用一般轎車行李廂載運至郊外騎乘等優點。

伸縮式及組合式自行車均運用兩分段管件或管件與組裝結構相互套接之技術手段，由於使用者踩踏腳踏板騎乘自行車時，產生一使自行車前進的軸向分力以及一使自行車側傾的徑向分力，使用者必須練習後才能以其身體姿勢平衡該側傾分力，順利騎乘自行車；在伸縮式及組合式自行車中，使用者踩踏腳踏板所產生的徑向分力，將使相互

五、創作說明 (3)

　　套接兩分段管件或管件與組裝結構間，產生一相對扭轉現象，進而使前輪與後輪間相對偏轉無法保持於同一平面上，此將使騎乘自行車變得更為困難，甚至無法使自行車順利前進。

　　為克服伸縮式及組合式自行車的套接構件間相對扭轉的技術課題，本案創作人前曾提出申請並經核准專利之我國公告第481141號「可伸縮折合使用之兒童用腳踏車」新型專利案(下稱引證案)，其主要係具有一車架，該車架包括一前叉架、一後叉架及一連接該前叉架與該後叉架之連接管，該前叉架組裝有一前輪及一把手，而該後叉架則組裝有一後輪、一座墊及一傳動裝置；其特徵在於：該前叉架或後叉架在位於該連接管組合之處設有至少一第一套管部，可與該連接管之相對位置處配合該第一套管部所設之一第二套管部接合，使該第一套管部可套設於該第二套管部之外側，而該第二套管部內可事先套入一塞體，其中：該塞體設有至少一貫穿之銷孔；該第二套管部對應於該塞體之銷孔處設有二貫穿管壁之第二穿孔，令該塞體套入該第二套管部內時，該銷孔可與該第二穿孔對合；及該第一套管部相對於該第二穿孔處設有一個以上沿該第一套管軸向間隔距離分佈之二貫穿管壁之第一穿孔，在該第一套管部套設於該第二套管部之外側時，可選擇性地令其中之第一穿孔與該第二穿孔對合，並令一插銷可穿過該第一穿孔、該第二穿孔及該銷孔而固定該第一套管部、該第二套管部及該塞體之相對位置，藉此可調整該前叉架與該後叉

五、創作說明（4）

架間之距離。

上述引證案利用塞體、至少一個銷孔以及至少一個穿過銷孔的插銷，企圖克服相互套接的第一及第二套管部間的相對扭轉問題；惟其結構設計相當複雜、要求的加工精度高，使其製作成本大幅度增加，同時使用者在操作時必須在無法視及第二套管部與塞體上銷孔的情形下，以肉眼摸象的方式將插銷穿過該等無法目視的銷孔，相當不便且不科學；另外，上述利用插銷穿過銷孔的技術手段，仍可能因為製造公差現象，而無法完全克服兩個相互套接管件間的相對扭轉問題，導致引證案在實際試騎時，仍產生有些許的前、後輪相對偏轉現象。

本案創作人鑑於上述運用於伸縮式或組合式自行車中套接管件之相對扭轉課題以及引證案所衍生的各項缺點，乃亟思加以改良創新，並經多年苦心孤詣潛心研究後，終於成功研發完成本件自行車套接管件之防扭轉構造。

【新型內容】

本創作之目的即在於提供一種使用於伸縮式或組合式自行車中套接管件之防扭轉構造，其在騎士踩踏腳踏板時，可完全克服相互套接的兩分段管件或管件與組裝結構間因徑向分力所產生的相對扭轉現象。

本創作之次一目的係在於提供一種自行車套接管件之防扭轉構造，其結構設計簡單實用，要求的加工精度低，而能有效降低其製作成本。

本創作之另一目的係在於提供一種自行車套接管件之

五、創作說明（5）

防扭轉構造，其在操作上更為簡單、方便且快速者。

　　可達成上述新型目的之自行車套接管件之防扭轉構造，主要包括有一設置於第一管件套入部位上的嵌合構件以及一設置於第二管件被套入部位上並對應於該嵌合構件的嵌入構件。在一較佳實施例中，該嵌合構件為一具有圓弧形表面的內凹溝槽，而該嵌入構件則為一可緊密貼合於該內凹溝槽表面的圓弧形表面嵌入凸緣。該第二管件的被套入部位上開設有一個軸向裂縫，使其被套入部位的開口端具有被向內束緊的彈性趨勢，並利用一扣件束緊於該第二管件具有軸向裂縫的被套入部位，使其被套入部位向內變形迫緊穿過其內的第一管件，進而使嵌合構件與嵌入構件間以彈性迫緊方式相互緊密貼合，其兩個緊貼的圓弧形凸起表面間，提供一有效防止第一、第二管件間產生不當相對徑向扭轉的絕佳制動作用力。反之，使用者僅需鬆開該扣件，即可使該嵌合構件與嵌入構件間產生一些微間隙，令第一與第二管件間可相對軸向伸縮運動或被拆離者。

　　在另一實施例中，該第二管件的內表面設置有一滑行輔助裝置，其可輔助第一管件在扣件被鬆開時，能更順利地在該第二管件內自由滑移。該滑行輔助裝置包括有設置於該第二管件被套入部位內表面的C形斷面環狀墊圈，其開口處恰可避開該嵌合構件與嵌入構件，而不妨礙兩者間的相對迫緊及鬆開之操作，該C形斷面環狀墊圈係以例如不銹鋼等自潤性材料製成，使之可輔助與之接觸的第一管

五、創作說明（6）

件進行伸縮滑行者。該滑行輔助裝置更包括有位於該第二管件內表面並緊鄰設置於該嵌入構件後方的至少一個滾動鋼珠及／或至少一個自潤性圓形棒體，其在第一管件進行軸向滑移時，恰可與該嵌合構件的外表面接觸，藉由其潤滑效果，使第一管件可更順利地軸向滑移者。

　　　　請參閱以下有關本創作一較佳實施例之詳細說明及其附圖，將可進一步瞭解本創作之技術內容及其目的功效。
【實施方式】
　　　　請同時參閱圖一及圖二，本創作所提供之防扭轉構造，主要係被應用於具有兩個套接管件之伸縮式、組合式或其他類似車架結構之自行車中。兩套接管件中之第一管件10具有一位於其自由端的套入部位11，如應用於伸縮式自行車時，因該第一管件10可相對於第二管件20軸向滑移，因此該套入部位11的長度實質上等同於該第一管件10；至於第二管件20則具有一容許該套入部位11套接進入其內部的被套入部位21，該被套入部位21則可依車架型式任意設定其長度。簡言之，該第一管件10的自由端可被套接進入該第二管件20內部，甚至可在其內部軸向滑行者。

　　　　該防扭轉構造30主要包括有一設置於第一管件10套入部位11上的嵌合構件31以及一設置於第二管件被套入部位上並對應於該嵌合構件31的嵌入構件32。在一較佳實施例中，該嵌合構件31為一具有圓弧形表面的內凹溝槽，其可藉由抽出成型（例如鋁擠型管材）或衝壓成型（例如鋼性管材）等加工方法直接成型於第一管件10的外表面；另外，

五、創作說明（7）

例如錐形表面或其他形狀的內凹溝槽，均為嵌合構件31可預期的實施方式；當本創作被應用於伸縮式自行車時，該內凹溝槽式嵌合構件31的長度實質上等同於該第一管件10的長度。至於該嵌入構件32則為一可緊密貼合於該內凹溝槽式嵌合構件31表面的嵌入凸緣，其表面造型需配合該嵌合構件31的表面造型，而為圓弧形表面、錐形表面或其他形狀的表面，且該嵌入構件32亦可藉由抽出成型或衝壓成型等加工方法直接成型於第二管件20的內表面。

該防扭轉構造30同時包括有一開設於該第二管件20的被套入部位21上的軸向裂縫33以及一迫緊式扣件34；該軸向裂縫33的作用在於使該呈開口狀的被套入部位21具有一可被向內束緊的彈性趨勢，且其可被成型為如圖所示的T形裂縫，藉以增加該被套入部位21的彈性變形範圍；至於該扣件34則可被由外向內束緊於該被套入部位21的外表面，使其受力而被向內變形，藉以迫緊穿過其內的第一管件10，進而使嵌合構件31與嵌入構件32間以彈性迫緊方式相互緊密貼合，其兩個緊貼的圓弧形凸起表面間，提供一有效防止第一、第二管件10、20間產生不當相對徑向扭轉的絕佳制動作用力。反之，使用者僅需鬆開該扣件34，即可使該嵌合構件31與嵌入構件32間產生一些微間隙，令第一與第二管件10、20間可相對軸向伸縮運動或被拆離者。

上述的扣件34可採用現有的市售產品，如C型夾、快拆桿等，其構造包括有可相互螺合的螺桿341及螺帽342以及被樞接於螺桿342另端的偏心扳桿343，該螺桿341上加

五、創作說明（8）

裝有一供第二管件20的被套入部位21穿過其間並類似於C形的扣環344，利用扳動該偏心扳桿343，使其凸輪表面可施力於該扣環344上，藉以向內迫緊穿過扣環344的被套入部位21，或可反向扳回該偏心扳桿343以放鬆該具有彈性變形能力的被套入部位21。

該C形扣環344亦可由兩片直接焊接於該軸向裂縫33兩側的螺孔片體（圖未示出）所取代，藉由該偏心扳桿343的凸輪表面施壓於該兩側螺孔片體上，藉以帶動該被套入部位21受力而向內變形縮小直徑，進而迫緊穿過其內的第一管件10者。

本創作更設置有一位於該被套入部位21內表面的C形斷面環狀墊圈40，其開口處41恰可避開該嵌合構件31與嵌入構件32，而不妨礙兩者間的相對迫緊及鬆開之操作，該C形斷面環狀墊圈40係以例如不銹鋼等自潤性材料製成，其可減少穿過該C形斷面環狀墊圈40間之第一管件10所受到的摩擦阻力，使之可輔助第一管件10在該扣件34被鬆開時，能更滑潤地在第二管件20內進行軸向滑動者。該C形斷面環狀墊圈40在其外側面上延伸有一突耳42，突耳42上設一穿孔43，在安裝該C形斷面環狀墊圈40時，可令該扣件34的螺桿341穿過該穿孔43，而使該C形斷面環狀墊圈40被保持於一不妨礙嵌合構件31與嵌入構件32間操作性的定位上。

請同時參閱圖三及圖四，本創作更包括有位於該第二管件20內表面並緊鄰設置於該嵌入構件32後方的至少一個

五、創作說明（9）

滾動鋼珠50及／或至少一個自潤性圓形棒體60，其在第一管件10進行軸向滑移時，恰可與該嵌合構件31的外表面接觸，藉由其潤滑效果，使第一管件10可更順利地軸向滑移者。

本創作所提供之自行車套接管件之防扭轉構造，其在騎士踩踏腳踏板騎乘自行車時，可完全克服相互套接的兩分段管件或管件與組裝結構間因徑向分力所產生的相對扭轉現象；其利用彈性迫緊的技術手段，使相互嵌合的嵌合構件與嵌入構件間得以相互緊密貼合，使其具有遠優於引證案的防扭轉效果，同時其結構設計上更較引證案簡單實用、要求的加工精度低，且在操作上，使用者僅需扳動扣件的偏心扳桿，即可使相互套接的兩分段管件間以無相對徑向扭轉及軸向滑移之虞的方式被彈性相互迫緊固定，而反向扳回偏心扳桿時，即可使兩分段管件間以容許相對軸向滑移的方式相互鬆開，其操作手續更為簡單、方便且快速者。

上列詳細說明係針對本創作之一可行實施例之具體說明，惟該實施例並非用以限制本創作之專利範圍，凡未脫離本創作技藝精神所為之等效實施或變更，均應包含於本案之專利範圍中。

綜上所述，本案不但在空間型態上確屬創新，並能較習用物品增進上述多項功效，應已充分符合新穎性及進步性之法定新型專利要件，爰依法提出申請，懇請 貴局核准本件新型專利申請案，以勵創作，至感德便。

M248709

案號 92202360　9╳4╳3年　　月　　日　　修正

圖式簡單說明

　　　　圖一為本創作被應用於伸縮式自行車時之頂面立體分解視圖；

　　　　圖二為圖一所示伸縮式自行車中兩套接管件之立體放大視圖；

　　　　圖三為該伸縮式自行車之平面組合視圖；以及

　　　　圖四為圖三所示伸縮式自行車中兩套接管件之部份放大軸向剖面視圖。

【主要部分代表符號】

10	第一管件	11	套入部位
20	第二管件	21	被套入部位
30	防扭轉構造	31	嵌合構件
32	嵌入構件	33	軸向裂縫
34	迫緊式扣件	341	螺桿
342	螺帽	343	偏心扳桿
344	扣環	40	C形斷面環狀墊圈
41	開口處	42	突耳
43	穿孔	50	滾動鋼珠
60	自潤性圓形棒體		

六、申請專利範圍

　　1. 一種自行車套接管件之防扭轉構造，包括：

　　一被設置於該套接管件中第一管件之一套入部位上的內凹溝槽式嵌合構件；

　　一被設置於該套接管件中第二管件之一被套入部位上並對應於該嵌合構件的凸緣式嵌入構件；

　　一開設於該被套入部位上的軸向裂縫，使該被套入部位具有一可被向內束緊變形的彈性趨勢；以及

　　一可操作地被束緊於該被套入部位上的扣件，迫使該被套入部位向內變形迫緊穿過其內的該第一管件，進而使該嵌合構件與該嵌入構件間以彈性迫緊方式相互緊密貼合者。

　　2. 如申請專利範圍第1項所述之自行車套接管件之防扭轉構造，其中該嵌合構件為一成型於該第一管件外表面的圓弧形表面內凹溝槽。

　　3. 如申請專利範圍第1項所述之自行車套接管件之防扭轉構造，其中該嵌入構件為一成型於該第二管件內表面的圓弧形表面嵌入凸緣。

　　4. 如申請專利範圍第1項所述之自行車套接管件之防扭轉構造，其中該套入部位的長度相等於該第一管件的長度。

　　5. 如申請專利範圍第1項所述之自行車套接管件之防扭轉構造，更包括有一被定位設置於該被套入部位內表面的C形斷面環狀墊圈，其開口處恰可避開該嵌合構件與該嵌入構件，而不妨礙兩者間的嵌合動作；該C形斷面環狀

六、申請專利範圍

墊圈係以自潤性材料製成，而可減少穿過該C形斷面環狀墊圈之第一管件所受到的摩擦阻力者。

6. 如申請專利範圍第1項所述之自行車套接管件之防扭轉構造，更包括有位於該第二管件內表面並緊鄰設置於該嵌入構件後方的至少一個滾動鋼珠及至少一個自潤性圓形棒體，其與該嵌合構件的外表面接觸，藉以減少該第一管件在軸向滑移時所受到的摩擦阻力者。

圖式

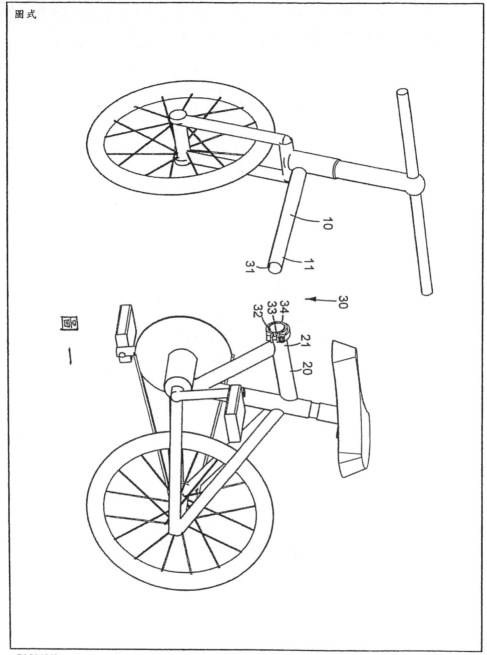

圖一

359

M248709

圖式

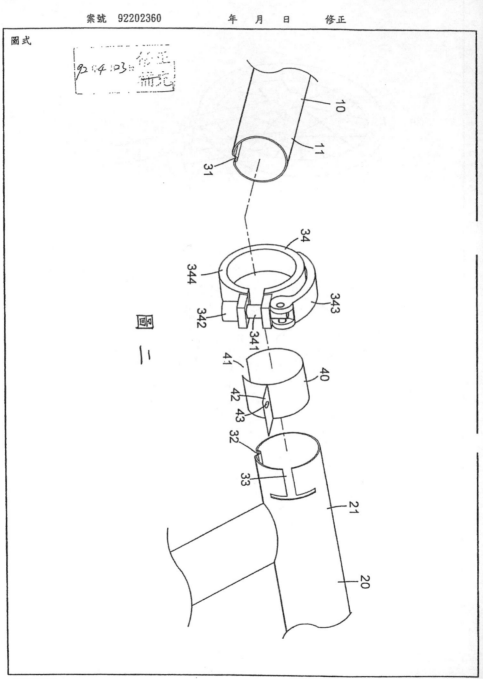

圖二

案號 92202360 年 月 日 修正

圖式

92.4.23 修正 補充

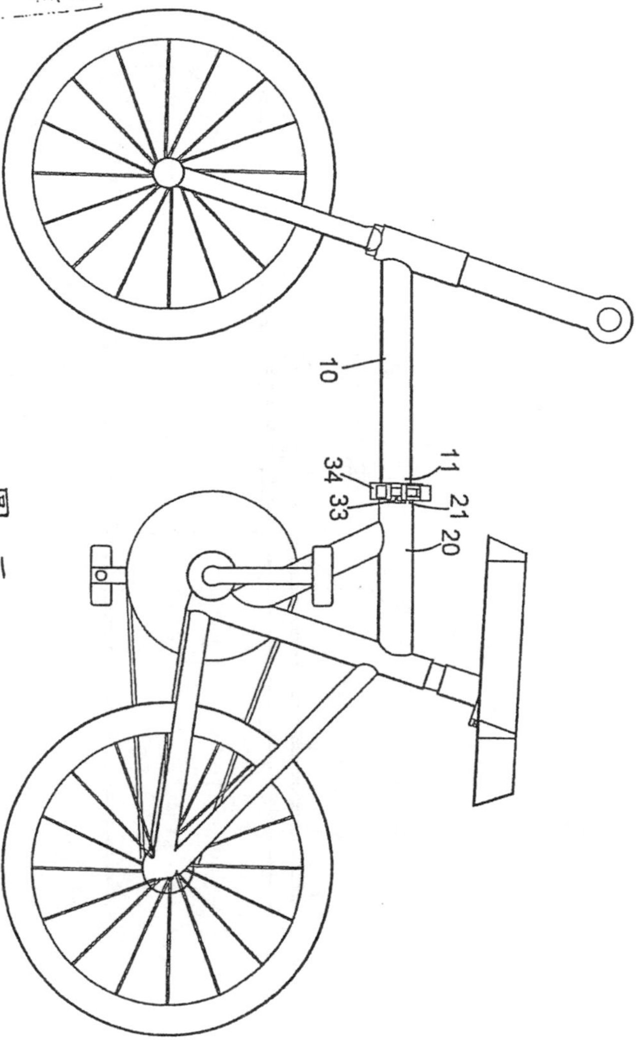

圖三

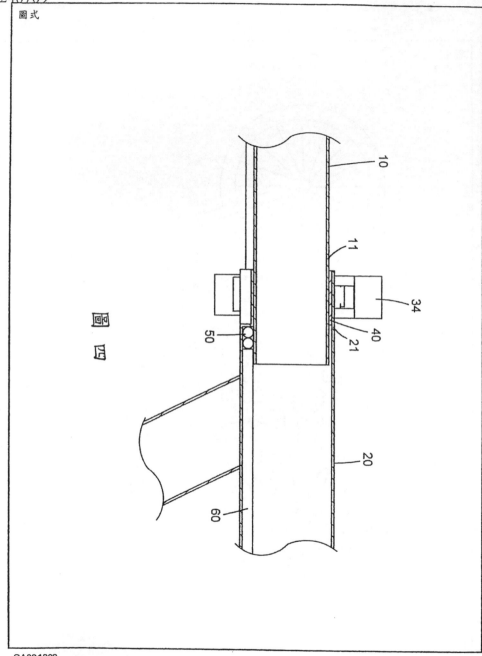

圖四

A3：M340973，伸縮式自行車主車架
之固定裝置2

M340973

五、中文新型摘要：

一種應用於伸縮式自行車中套接管件之防扭轉自動定位裝置，套接管件的內套管具有至少一個錐形內凹表面，套接管件的外套管係配合內套管外形並容許內套管穿過其內部，其於對應錐形內凹表面的位置上設有一通孔，藉以容許一與錐形內凹表面配合的可操作錐形迫緊元件穿過。利用一推進裝置推動錐形迫緊元件向錐形內凹表面推進，使兩者呈緊密配合的彈性迫緊狀態，使內、外套管相互迫緊鎖固者。

六、英文新型摘要：

七、指定代表圖：

(一)本案指定代表圖為：圖1。

(二)本代表圖之元件符號簡單說明：

10	內套管	11	錐形內凹表面
12	錐形表面	20	外套管
23	通孔	40	錐形迫緊元件
41	固定墊片	50	推進裝置
51	固定螺帽	52	操作把手
53	推進螺桿	54	內螺紋
55	容室		

八、新型說明：

【新型所屬之技術領域】

　　　　本創作係關於一種兩支套接管件間之防扭轉自動定位裝置，其特別適合被應用於伸縮式自行車，以防止伸縮式自行車在騎乘時，前、後車架間產生不當扭轉現象者。

【先前技術】

　　　　伸縮式自行車中，一般必需運用內、外套管相互套接之技術手段，由於使用者踩踏腳踏板騎乘自行車時，產生一使自行車前進的軸向分力以及一使自行車側傾的徑向分力，使用者必須練習後才能以其身體姿勢平衡該側傾分力，順利騎乘自行車；在伸縮式自行車中，使用者踩踏腳踏板所產生的徑向分力，將使相互套接的內、外套管間，產生一相對扭轉現象，進而使前輪與後輪間相對偏轉無法保持於同一平面上，此將使騎乘伸縮式自行車變得更為困難，甚至無法使伸縮式自行車順利前進；因此，如何克服兩支套接管件間的相對扭轉現象，係伸縮式自行車之一重要技術課題。

　　　　我國公告第 444710 號專利案提供一種被應用於滑板車上的「車手桿定位結構改良」(以下種稱為引證案)，主要係於車頭管內穿設一前叉管，該前叉管上方設有螺紋部及一貫穿頂端之切槽，於螺紋部依序螺合軸承蓋及螺帽，以使前叉管軸向定位，且前叉管內穿設一車手桿，又前叉管之上端外緣套設一束緊結構，透過具偏心凸緣之曲柄轉動以使前叉管與車手桿產生夾固與鬆弛之情形，其特徵在

於；前叉管之切槽底端設有一向管內凸起之凸塊，車手桿外緣設一軸向之溝槽，使凸塊容置於溝槽內，令車手桿僅有上、下移動之自由度。該引證案中的束緊結構並未直接施壓於其位於下方且遠離的凸塊上，無法使其凸塊與溝槽間以彈性迫緊方式相互緊密貼合，故其僅係使凸塊容置於一裂縫式溝槽內，令車手桿僅有上、下移動之自由度者；此種結構為了使車手桿可上、下移動，故在凸塊與其溝槽之兩壁間必然留有一餘隙空間，且凸塊與溝槽間並無彈性迫緊關係，因而僅適用於輪距較小以致其套接管件(引證案之前叉管與車手桿)間之受力亦相對較小的滑板車或類似車種中，如應用於輪距大因而套接管件間之受力亦遠大於滑板車的伸縮式自行車時，則此一留有間隙且無相對彈性迫緊關係的定位結構，將無法防制套接管件間的相對扭轉現象。

【新型內容】

本創作之目的即在於提供一種應用於伸縮式自行車中套接管件之防扭轉自動定位裝置，其不但可用以鎖固相互套接的內、外套管，同時在騎士踩踏腳踏板時，可完全克服相互套接的內、外套管間因徑向分力所產生的相對扭轉現象。

本創作之次一目的係在於提供一種伸縮式自行車中套接管件之防扭轉自動定位裝置，其可藉由騎乘者的體重達到自動迫緊定位的效果。

本創作之另一目的係在於提供一種伸縮式自行車中

套接管件之防扭轉自動定位裝置,其結構設計簡單實用,要求的加工精度低,而能有效降低套接管件的製作成本。

可達成上述新型目的之伸縮式自行車中套接管件之防扭轉自動定位裝置,該套接管件的內套管具有至少一個錐形內凹表面以及至少一個錐形表面;該套接管件的外套管係配合該內套管外形並容許該內套管穿過其內部,其於對應該錐形內凹表面的位置上設有一通孔,藉以容許一與該錐形內凹表面配合的可操作錐形迫緊元件穿過,該外套管更於對應該錐形表面的位置上設有至少一個固定墊片。利用一推進裝置推動該錐形迫緊元件向該錐形內凹表面推進,使兩者呈緊密配合的彈性迫緊狀態,同時亦迫使該錐形表面與該固定墊片間呈緊密接觸狀態,使內、外套管相互迫緊鎖固,並可防制該內、外套管間產生不當相對徑向扭轉現象者。

同理,該迫緊元件與固定墊片的設置位置亦可互相調換,亦即令該迫緊元件向著該錐形表面推進迫緊,迫使該錐形內凹表面與該固定墊片間呈緊密接觸狀態,亦為本創作一可預期的等效實施例。

請參閱以下有關本創作較佳實施例之詳細說明及其附圖,將可進一步瞭解本創作之技術內容及其目的功效。

【實施方式】

請同時參閱圖 1 至圖 3,該防扭轉自動定位裝置第一實施例係被應用於一伸縮式自行車的伸縮套管上,該伸縮套管共構成為該伸縮式自行車的可變長度上管,其中該伸

縮套管的外套管 20 係被固定於一後車架 30 上，且其具有兩個開口端 21、22，而該內套管 10 一端係被固定於一前車架 31 上，另一端則被套接進入該外套管 20 內部，並可由該外套管 20 內後延伸伸出，內、外套管 10、20 間係可相對軸向位移者。該防扭轉自動定位裝置第一實施例主要係被裝設於靠近該外套管 20 的兩個開口端 21、22 處，且前、後裝設的防扭轉自動定位裝置第一實施例之結構及迫緊方式完全相同。

如圖 1 所示者，該內套管 10 上形成至少一個錐形內凹表面 11 以及至少一個錐形表面 12，該錐形內凹表面 11 最好是成形於該內套管 10 的底面，避免雨水或灰塵積存於該錐形內凹表面 11 內，該錐形表面 12 則相對成形於該內套管 10 的頂面；該外套管 20 則於對應該錐形內凹表面 11 的位置上設有一通孔 23，藉以容許一與該錐形內凹表面 11 配合的可操作錐形迫緊元件 40 穿過，該外套管 20 更於對應該錐形表面 12 的位置上設有至少一個固定墊片 41。利用一推進裝置 50 推動該錐形迫緊元件 40 向該錐形內凹表面 11 推進，使兩者呈緊密配合的彈性迫緊狀態，同時亦迫使該錐形表面 12 與該固定墊片 41 間呈緊密接觸狀態，使內、外套管 10、20 相互迫緊鎖固，並可防制該內、外套管 10、20 間產生不當相對徑向扭轉現象者。

在一較佳實施例中，該推進裝置 50 係一螺紋配合的手動推進裝置，其包括有一被焊固於該外套管 20 外壁上的固定螺帽 51 以及一具有一操作把手 52 的推進螺桿 53，

該錐形迫緊元件 40 被安裝於該推進螺桿 53 的前進端面
上,使其可被該推進螺桿 53 所推動,進而向著該錐形內
凹表面 11 移動迫緊者;該固定螺帽 51 除刻有與該推進螺
桿 53 配合的內螺紋 54 外,更於其內部預設有一容室 55,
藉以容納反向移回的錐形迫緊元件 40。

如圖 2 所示者,反向操作該推進螺桿 53 時,該錐形
迫緊元件 40 隨之移離該錐形內凹表面 11,使兩者間呈微
微接觸狀態,藉以解除兩者間的彈性迫緊狀態,同時,該
固定墊片 41 與錐形表面 12 間的彈性迫緊狀態亦隨之解
除,進而使內、外套管 10、20 間產生一微小間隙,此時,
內套管 10 即可於該外套管 11 內自由位移者。

請參閱圖 4,該推進裝置的另一實施例係一偏心式推
進裝置,其操作較螺紋式推進置更為快速簡便;該偏心式
推進裝置包括有一被焊固於該外套管 20 外壁上的 U 形基
座 60 以及一具有凸輪表面 61 的偏心板桿 62,該偏心板桿
62 係利用一心軸 63 而被架設於該 U 形基座 60 之兩側壁
面間,該錐形迫緊元件 40 之一圓弧形底面則與該偏心板
桿 62 之凸輪表面 61 相互接觸;藉由扳轉該偏心板桿 62,
使其與該錐形迫緊元件 40 的接觸面由凸輪表面 61 的小徑
端移向大徑端,藉以推動該錐形迫緊元件 40 沿著該 U 形
基座 60 上所開設之一導引孔 64 作一線性位移,進而向著
該錐形內凹表面 11 移動,使偏心扳桿 62、錐形迫緊元件
40 與錐形內凹表面 11 三者間呈相對迫緊狀態。反之,當
反向扳轉該偏心扳桿 62 時,則可解除三者間的相對迫緊

狀態，此時，內套管 10 即可於該外套管 11 內自由位移者。

　　請參閱圖 5，該伸縮式自行車在被騎乘狀態時，騎乘者的體重係由座墊 32 向下施力(如圖中箭頭 W 所示者)，該內、外套管 10、20 間因承受該騎乘者體重所產生應力的槓桿效應將產生一微小的傾斜狀態，為順應該騎乘者體重的影響，在本創作第二實施例中，係使設於該外套管 20 之前開口端 21 處的推進裝置 50 被設於外套管 20 底面並由下向上推進迫緊(相同於圖 2 所示實施例)；至於設於該外套管 20 之後開口端 22 處的推進裝置 50'則設於外套管 20 頂面並由上向下推進迫緊；此一設計係順應該騎乘者體重的影響，恰可填補相互微小傾斜的內、外套管 10、20 間之微小空隙，並可防止該錐形迫緊元件過度受力者。

　　請參閱圖 6，設於後開口端 22 處的防扭轉自動定位裝置第二實施例在實質結構上與圖 2 所示的第一實施例相同，其僅係將該錐形迫緊元件 40'與固定墊片 41'的設置位置互相調換，該固定墊片 41'則需配合該錐形內凹表面 11 的形狀設計成錐形，至於推進裝置 50'之結構則與圖 2 所示的推進裝置 50 相同；藉由操作該設於外套管 20 頂面的推進裝置 50'，推動該錐形迫緊元件 40'向著該內套管 10 的頂面迫緊，同時迫使該錐形固定墊片 41'與該錐形內凹表面 11 間呈緊密接觸狀態，使內、外套管 10、20 相互迫緊鎖固者。

　　本創作在該伸縮式自行車被騎乘狀態時，即使不將推進裝置 50、50'鎖緊，亦可藉由騎乘者體重所產生的應力，

促使該錐形迫緊元件 40、40'與該內套管 10 間自然形成迫緊狀態，進而使內、外套管 10、20 間相互鎖固，而無軸向位移滑動或徑向扭轉之虞，達到自動迫緊定位的效果。

請參閱圖 7，本創作所提供的套接管件防扭轉自動定位裝置第三實施例，主要係將內套管 10'的頂面及底面均設計為錐形內凹表面 11'、11"，並取消錐形表面的設計，使該內套管 10'的斷面造型近似於 H 形。如上所述，利用一推進裝置 50'推動一錐形迫緊元件 40'向著其中一個錐形內凹表面 11'推進，使兩者呈緊密配合的彈性迫緊狀態，同時亦迫使另一錐形內凹表面 11"與一錐形固定墊片 41'間呈緊密接觸狀態，使內、外套管 10'、20'相互迫緊鎖固者。

本創作所提供之伸縮式自行車中套接管件之防扭轉自動定位裝置，其在騎士騎乘自行車時，可完全克服相互套接的內、外套管間因徑向分力所產生的相對扭轉現象，具有優良的防扭轉效果。在該伸縮式自行車被騎乘狀態時，甚至可以不鎖緊該錐形迫緊元件，即可藉由騎乘者體重所產生的應力，促使該錐形迫緊元件與內套管間自然形成迫緊狀態，達到自動迫緊定位的效果。

【圖式簡單說明】

圖1為本創作套接管件防扭轉自動定位裝置第一實施例之縱向剖面視圖；

圖2近似於圖1，惟該套接管件係處於可相對位移的鬆弛狀態；

233

　　圖3為該防扭轉自動定位裝置第一實施例被應用於一伸縮式自行車時之示意圖；

　　圖4為本創作套接管件防扭轉自動定位裝置中推進裝置另一實施例之縱向剖面視圖；

　　圖5為本創作套接管件防扭轉自動定位裝置第二實施例被應用於一伸縮式自行車時之示意圖；

　　圖6係沿著圖5中的6-6線所繪成的縱向剖面放大視圖；以及

　　圖7為本創作套接管件防扭轉自動定位裝置第三實施例之縱向剖面視圖。

【主要元件符號說明】

10	內套管	11	錐形內凹表面
12	錐形表面	20	外套管
21	前開口端	22	後開口端
23	通孔	30	後車架
31	前車架	32	座墊
40	錐形迫緊元件	41	固定墊片
50	推進裝置	51	固定螺帽
52	操作把手	53	推進螺桿
54	內螺紋	55	容室
60	U形基座	61	凸輪表面
62	偏心板桿	63	心軸
64	導引孔		

九、申請專利範圍：

1. 一種伸縮式自行車中套接管件之防扭轉自動定位裝置，包括：

   一內套管，其具有至少一個錐形內凹表面以及至少一個錐形表面；

   一配合該內套管外形並容許該內套管穿過其內部的外套管，其於對應該錐形內凹表面的位置上設有一通孔，而於對應該錐形表面的位置上設有至少一個固定墊片；

   一與該錐形內凹表面配合的錐形迫緊元件；以及

   一推進裝置，其可推動該錐形迫緊元件穿過該通孔向該錐形內凹表面迫緊，迫使該內套管與該外套管相對迫緊鎖固者。

2. 如申請專利範圍第1項所述之伸縮式自行車中套接管件之防扭轉自動定位裝置，其中該推進裝置包括有一被固定於該外套管上的固定螺帽以及一具有一操作把手的推進螺桿，該錐形迫緊元件係被安裝於該推進螺桿的前進端面上，使之可被該推進螺桿所推動者。

3. 如申請專利範圍第2項所述之伸縮式自行車中套接管件之防扭轉自動定位裝置，其中該固定螺帽內部預設有一容室，藉以容納該錐形迫緊元件者。

4. 如申請專利範圍第1項所述之伸縮式自行車中套接管件之防扭轉自動定位裝置，其中該推進裝置包括有一被固定於該外套管上的 U 形基座以及一具有一凸輪

表面的偏心板桿，該偏心板桿係利用一心軸而被架設於該 U 形基座上，該錐形迫緊元件與該凸輪表面相互接觸，使之可被該凸輪表面所推動而線性位移者。

5. 如申請專利範圍第1項所述之伸縮式自行車中套接管件之防扭轉自動定位裝置，其中該錐形內凹表面係成形於該內套管的底面者。

6. 如申請專利範圍第1項所述之伸縮式自行車中套接管件之防扭轉自動定位裝置，其中該錐形內凹表面係成形於該內套管的頂面者。

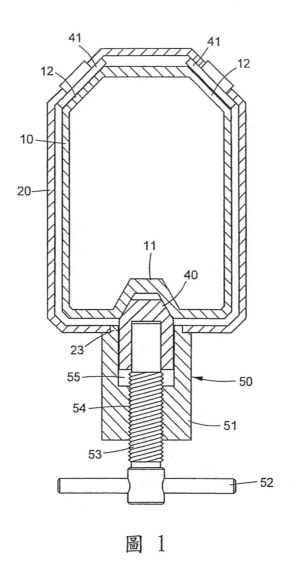

圖　1

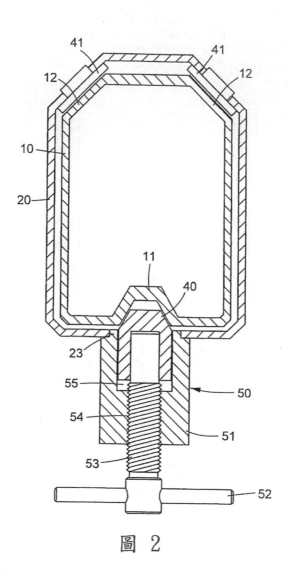

圖 2

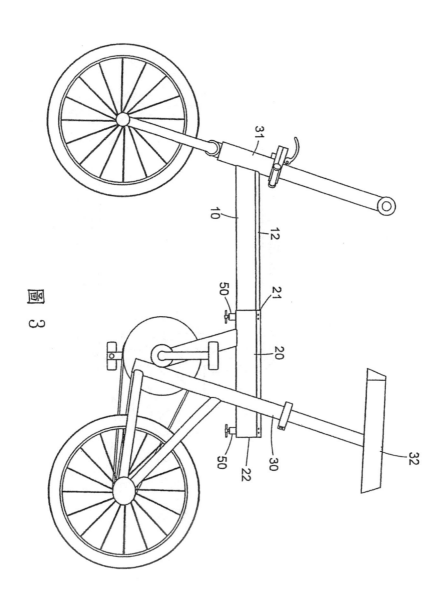

圖 3

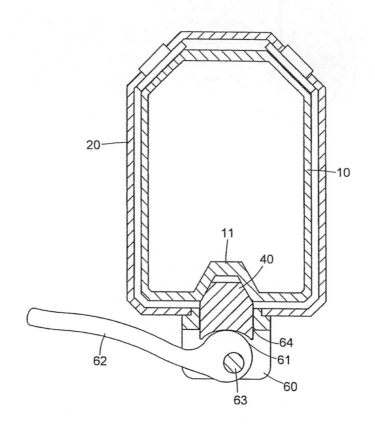

圖 4

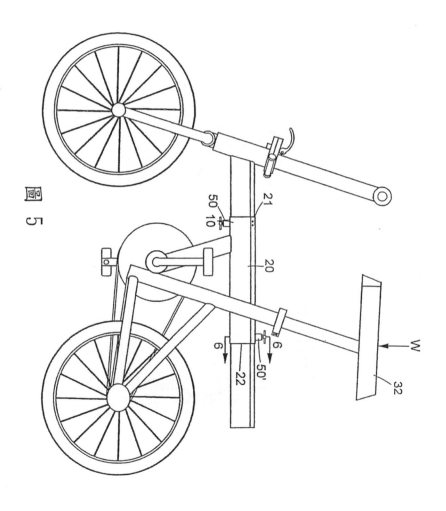

圖 5

M340973

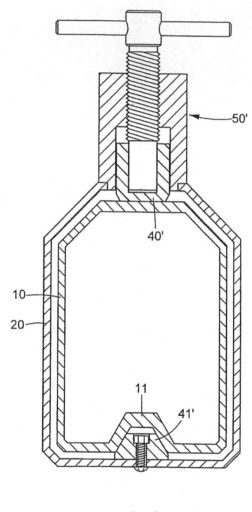

圖 6

242

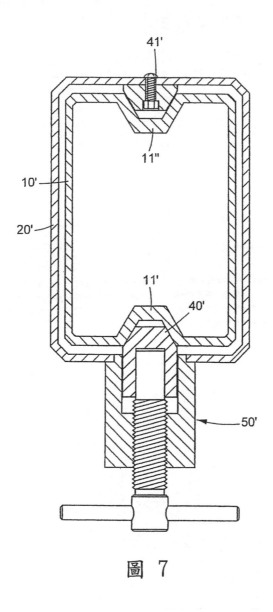

圖 7

M463228

(19)中華民國智慧財產局

(12)新型說明書公告本　(11)證書號數：TW M463228 U

(45)公告日：　中華民國 102 (2013) 年 10 月 11 日

(21)申請案號：102201816　　　(22)申請日：　中華民國 102 (2013) 年 01 月 28 日

(51)Int. Cl.：　　　*B62K19/18*　*(2006.01)*

(71)申請人：

(72)新型創作人：

申請專利範圍項數：5 項　　圖式數：8　　共 19 頁

(54)名稱

自行車伸縮管件防扭轉裝置

(57)摘要

　一種自行車伸縮管件防扭轉裝置，主要係於一本體內容置有一可垂直位移的錐形迫緊元件以及一水平位移的楔形傳動組件；使用者利用一推進裝置推動楔形傳動組件相對接近，再由楔形傳動組件的楔形表面，推動錐形迫緊元件向上垂直位移，藉由錐形迫緊元件的錐形頂面推擠伸縮管件，使伸縮管件的內套管與外套管相對迫緊鎖固者。

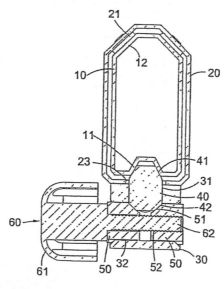

10・・・內套管

11・・・錐形內凹溝槽

12・・・錐形表面

20・・・外套管

21・・・固定墊片

23・・・通孔

30・・・本體

31・・・垂直孔

32・・・水平透孔

40・・・錐形迫緊元件

41・・・錐形頂面

42・・・錐形底面

50・・・楔形傳動組件

51・・・楔形表面

52・・・螺孔

60・・・推進裝置

61・・・操作旋鈕

62・・・推進螺桿

圖 3

463228

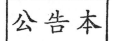

<u>新型專利說明書</u>

（本說明書格式、順序，請勿任意更動，※記號部分請勿填寫）

※ 申請案號：
102201816
※ 申請日： **102. 1. 28**　　※ I P C 分類： *B62K 19/18* **(2006.01)**

一、新型名稱：（中文/英文）

自行車伸縮管件防扭轉裝置

二、中文新型摘要：

　　一種自行車伸縮管件防扭轉裝置，主要係於一本體內容置有一可垂直位移的錐形迫緊元件以及一水平位移的楔形傳動組件；使用者利用一推進裝置推動楔形傳動組件相對接近，再由楔形傳動組件的楔形表面，推動錐形迫緊元件向上垂直位移，藉由錐形迫緊元件的錐形頂面推擠伸縮管件，使伸縮管件的內套管與外套管相對迫緊鎖固者。

三、英文新型摘要：

（略）

245

四、指定代表圖：

(一)本案指定代表圖為：第（ 3 ）圖。

(二)本代表圖之元件符號簡單說明：

10	內套管	11	錐形內凹溝槽
12	錐形表面	20	外套管
21	固定墊片	23	通孔
30	本體	31	垂直孔
32	水平通孔	40	錐形迫緊元件
41	錐形頂面	42	錐形底面
50	楔形傳動組件	51	楔形表面
52	螺孔	60	推進裝置
61	操作旋鈕	62	推進螺桿

五、新型說明：

【新型所屬之技術領域】

　　本創作係關於一種兩支相互套接之伸縮管件間之防扭轉裝置，特別適合被應用於伸縮式自行車，以防止伸縮式自行車在騎乘時，前、後車架間產生不當扭轉現象者。

【先前技術】

　　兩支相互套接之伸縮管件經常被應用於自行車的車架結構中，藉以調整該伸縮管件的長度，例如自行車車架結構中的座管及座墊立管即經常被設計為相互套接的伸縮管件組。尤其是例如中華民國公告第566390、M255206號專利案所揭示的伸縮式自行車，主要即運用相互套接之一中空母套管與一子管間的相對位移，藉以調整車架結構之長度者。

　　由於使用者踩踏腳踏板騎乘自行車時，產生一使自行車前進的軸向分力以及一使自行車側傾的徑向分力，使用者必須練習後才能以其身體姿勢平衡該側傾分力，順利騎乘自行車；在上述伸縮式自行車中，使用者踩踏腳踏板所產生的徑向分力，將使相互套接的內、外套管間，產生一相對扭轉現象，進而使前輪與後輪間相對偏轉無法保持於同一平面上，此將使騎乘伸縮式自行車變得更為困難，甚至無法使伸縮式自行車順利前進；因此，如何克服兩支套接管件間的相對扭轉現象，係伸縮式自行車之一重要技術課題。

　　中華民國公告第M340973、M248709號專利案，分別

揭示一種伸縮式自行車中套接管件之防扭轉裝置，其主要包括：一內套管，其具有至少一個錐形內凹表面以及至少一個錐形表面；一配合該內套管外形並容許該內套管穿過其內部的外套管，其於對應該錐形內凹表面的位置上設有一通孔，而於對應該錐形表面的位置上設有至少一個固定墊片；一與該錐形內凹表面配合的錐形迫緊元件；以及一推進裝置，其可推動該錐形迫緊元件穿過該通孔向該錐形內凹表面迫緊，迫使該內套管與該外套管相對迫緊鎖固者。該推進裝置包括有一被固定於該外套管上的固定螺帽以及一具有一操作把手的推進螺桿，該錐形迫緊元件係被安裝於該推進螺桿的前進端面上，使之可被該推進螺桿所推動者。

上述供使用者旋轉操作的推進螺桿位於車架結構（外套管）的下方，使用者操作時需蹲下操作，較不方便。且該推進螺桿推動該錐形迫緊元件穿過該通孔向該錐形內凹表面迫緊的鎖固方向，與使用者騎乘自行車時，車架的主要受力方向相同，亦即，造成上述騎乘自行車時產生的徑向分力，將由內、外套管直接傳遞給與之位於相同方向上的推進螺桿，長期騎乘後，該推進螺桿容易鬆動甚至脫落，進而喪失其防止伸縮管件相對扭轉的功能。

【新型內容】

本創作之目的即在於提供一種自行車伸縮管件防扭轉裝置，其採取側向鎖固的技術手段，不但可用以鎖固相互套接的內、外套管，且騎士踩踏腳踏板時的徑向分力，不

會直接傳遞至該防扭轉裝置，在長期騎乘後，仍可確保該防扭轉裝置的防扭轉功能。

本創作之次一目的係在於提供一種自行車伸縮管件防扭轉裝置，其供使用者操作的推進裝置係位於車架結構（外套管）的側面，使用者操作時無需蹲下操作，操作方便且省時。

可達成上述新型目的之自行車伸縮管件防扭轉裝置，包括：組成該自行車伸縮管件之一內套管及一外套管，該內套管係伸入該外套管內任一長度，並具有一錐形內凹溝槽，該外套管於對應該錐形內凹溝槽處設有至少一個通孔；組成該防扭轉裝置之一本體、一錐形迫緊元件、一楔形傳動組件及一推進裝置；該本體被固設於該外套管的通孔下方，其內部設有一容置該錐形迫緊元件的垂直孔及一容置該楔形傳動組件的水平通孔；該錐形迫緊元件具有一與該內套管的錐形內凹溝槽配合的錐形頂面以及一錐形底面；該楔形傳動組件係左、右對稱設置於該水平通孔內，並於接近該錐形迫緊元件的端面上設有相互對稱且與該錐形迫緊元件的錐形底面配合之一楔形表面；該推進裝置係可被操作地推動該楔形傳動組件相對水平位移，並由該楔形表面帶動該錐形迫緊元件垂直位移，使該錐形迫緊元件的錐形頂面穿過該外套管的通孔，向該內套管的錐形內凹溝槽迫緊，迫使該內套管與該外套管相對迫緊鎖固者。

在一較佳實施例中，該推進裝置為一具有一操作旋鈕的推進螺桿，且該楔形傳動組件中之一具有與該推進螺桿配合

的螺孔,當旋轉該推進螺桿時,藉由螺紋配合推動該楔形傳動組件相對水平位移者。

在一較佳實施例中,該推進裝置為一快拆桿式推進裝置,包括有一穿過該楔形傳動組件的中心軸,該中心軸的一端被一螺帽鎖緊,另一端則套接一弧形表面傳動塊後,再樞接一具有一凸輪表面的偏心扳桿,藉由扳動該偏心扳桿時產生的凸輪運動,推動該楔形傳動組件相對水平位移者。

在一較佳實施例中,該本體的水平通孔內設有一導軌,且該楔形傳動組件設有一配合該導軌的導槽,藉以限制該楔形傳動組件在該本體的水平通孔內線性位移者。

在一較佳實施例中,該內套管更具有至少一個錐形表面,且該外套管於對應該內套管的錐形表面的位置處更設有至少一個固定墊片;當該內套管與該外套管被相對迫緊鎖固,該錐形表面與該固定墊片亦被相對迫緊者。

【實施方式】

本創作提供之防扭轉裝置係被應用於一伸縮式自行車的伸縮管件上,該伸縮管件共構成為該伸縮式自行車的可變長度上管或下管。其中該伸縮管件由一內套管10及一外套管20組成,該內套管10一端可被套接進入該外套管20內部,內、外套管10、20間係可相對軸向位移者。該防扭轉裝置主要係被裝設於靠近該外套管20的兩端處,且前、後裝設的防扭轉裝置之結構及迫緊方式完全相同。

如圖3及圖4所示者,該內套管10上具有一個錐形內凹溝槽11以及至少一個錐形表面12,該錐形內凹溝槽11最好

是成形於該內套管10的底面，避免雨水或灰塵積存於該錐形內凹溝槽11內，該錐形表面12則相對成形於該內套管10的頂面；該外套管20則於對應該錐形內凹溝槽11的位置上設有至少一通孔23，藉以容許一與該錐形內凹溝槽11配合的錐形迫緊元件40穿過，該外套管20更於對應該錐形表面12的位置上設有至少一個固定墊片21。

　　請同時參閱圖1至圖4，該防扭轉裝置包括有一本體30、一錐形迫緊元件40、一楔形傳動組件50及一推進裝置60。該本體30被固設於該外套管20的通孔23下方，其內部設有一容置該錐形迫緊元件40的垂直孔31及一容置該楔形傳動組件50的水平通孔32；該錐形迫緊元件40具有一與該內套管10的錐形內凹溝槽11配合的錐形頂面41以及一錐形底面42；該楔形傳動組件50係左、右對稱設置於該水平通孔32內，並於接近該錐形迫緊元件40的端面上設有相互對稱且與該錐形迫緊元件40的錐形底面42配合之一楔形表面51。

　　如圖1所示者，該本體30的水平通孔32內設有一導軌33，且該楔形傳動組件50設有一配合該導軌33的導槽53，藉以限制該楔形傳動組件50在該本體30的水平通孔32內僅能作一線性位移運動者。

　　如圖3所示，在第一實施例中，該推進裝置60為一具有一操作旋鈕61的推進螺桿62，且該楔形傳動組件50中之一具有與該推進螺桿62配合的螺孔52，當正向旋轉該推進螺桿62時，藉由螺紋配合，推動該楔形傳動組件50以水平位

移方式相對接近，並由該楔形表面51帶動該錐形迫緊元件40的錐形底面42垂直向上位移，使該錐形迫緊元件40的錐形頂面41穿過該外套管20的通孔23，向該內套管10的錐形內凹溝槽11迫緊，迫使該內套管10與該外套管20相對迫緊鎖固，使兩者呈緊密配合的彈性迫緊狀態，同時亦迫使該內套管10的錐形表面12與該外套管20的固定墊片21間呈緊密接觸狀態，使內、外套管10、20相互迫緊鎖固，並可防制該內、外套管10、20間產生不當相對徑向扭轉現象者。

如圖4所示，當反向旋轉該推進螺桿62時，藉由螺紋配合，推動該楔形傳動組件50以水平位移方式相對遠離，該錐形迫緊元件40因未承受該楔形傳動組件50的向上推力，且因本身重力而垂直向下位移，該錐形迫緊元件40的錐形頂面41隨之離開該內套管10的錐形內凹溝槽11，使兩者呈鬆弛狀態，同時該內套管10的錐形表面12與該外套管20的固定墊片21間亦呈鬆弛狀態。此時內、外套管10、20因未被迫緊鎖固，使內、外套管10、20可被相對拉動，藉以調整該伸縮管件的長度者。

請同時參閱圖5至圖8，在第二實施例中，該推進裝置70為一快拆桿式推進裝置，其包括有一穿過該楔形傳動組件50的中心軸71，該中心軸71的一端被一螺帽72鎖緊，另一端則套接一弧形表面傳動塊73後，再樞接一具有一凸輪表面75的偏心扳桿74。與第一實施例不同者，在第二實施例中，該楔形傳動組件50的中心孔均不攻牙，偏心扳桿74在穿過該楔形傳動組件50後，係利用該螺帽72予以鎖固。

如圖7所示者,當正向扳轉該偏心扳桿74時,其凸輪表面75中較凸出面推動該弧形表面傳動塊73向內位移,進而帶動該楔形傳動組件50以水平位移方式相對接近,並由該楔形表面51帶動該錐形迫緊元件40的錐形底面42垂直向上位移,使該錐形迫緊元件40的錐形頂面41穿過該外套管20的通孔23,向該內套管10的錐形內凹溝槽11迫緊,迫使該內套管10與該外套管20相對迫緊鎖固者。

如圖8所示者,當反向扳轉該偏心扳桿74時,其凸輪表面75中較凹入面與該弧形表面傳動塊73接觸,使該弧形表面傳動塊73不施力於該楔形傳動組件50上,該錐形迫緊元件40因未承受該楔形傳動組件50的向上推力,且因本身重力而垂直向下位移,該錐形迫緊元件40的錐形頂面41隨之離開該內套管10的錐形內凹溝槽11,使兩者呈鬆弛狀態,同時該內套管10的錐形表面12與該外套管20的固定墊片21間亦呈鬆弛狀態。

本創作所提供之自行車伸縮管件防扭轉裝置,採取側向鎖固的技術手段,不但可用以鎖固相互套接的內、外套管,且騎士踩踏腳踏板時的徑向分力,不會直接傳遞至該側鎖式防扭轉裝置,在長期騎乘後,仍可確保該防扭轉裝置的防扭轉功能;且其供使用者操作的推進裝置係位於車架結構(外套管)的側面,使用者操作時無需蹲下操作,操作方便且省時。

上列詳細說明係針對本創作之一可行實施例之具體說明,惟該實施例並非用以限制本創作之專利範圍,凡未脫

離本創作技藝精神所為之等效實施或變更，均應包含於本案之專利範圍中。

【圖式簡單說明】

圖1為本創作自行車伸縮管件防扭轉裝置第一實施例之立體分解視圖；

圖2為該自行車伸縮管件防扭轉裝置之側面視圖；

圖3為沿著圖2中3-3線所繪製之放大剖面視圖；

圖4近似於圖3，惟該自行車伸縮管件防扭轉裝置係處於一鬆弛狀態者；

圖5為本創作自行車伸縮管件防扭轉裝置第二實施例之立體分解視圖；

圖6為該自行車伸縮管件防扭轉裝置之側面視圖；

圖7為沿著圖6中7-7線所繪製之放大剖面視圖；以及

圖8近似於圖7，惟該自行車伸縮管件防扭轉裝置係處於一鬆弛狀態者。

【主要元件符號說明】

10	內套管	11	錐形內凹溝槽
12	錐形表面	20	外套管
21	固定墊片	23	通孔
30	本體	31	垂直孔
32	水平通孔	33	導軌
40	錐形迫緊元件	41	錐形頂面
42	錐形底面	50	楔形傳動組件
51	楔形表面	52	螺孔

463228

53 導槽　　　　　　60 推進裝置

61 操作旋鈕　　　　62 推進螺桿

70 推進裝置　　　　71 中心軸

72 螺帽　　　　　　73 弧形表面傳動塊

74 偏心扳桿　　　　75 凸輪表面

255

六、申請專利範圍：

1. 一種自行車伸縮管件防扭轉裝置，包括：

   組成該自行車伸縮管件之一內套管及一外套管，該內套管係伸入該外套管內任一長度，並具有一錐形內凹溝槽，該外套管於對應該錐形內凹溝槽處設有至少一個通孔；以及

   組成該防扭轉裝置之一本體、一錐形迫緊元件、一楔形傳動組件及一推進裝置；

   該本體被固設於該外套管的通孔下方，其內部設有一容置該錐形迫緊元件的垂直孔及一容置該楔形傳動組件的水平通孔；

   該錐形迫緊元件具有一與該內套管的錐形內凹溝槽配合的錐形頂面以及一錐形底面；

   該楔形傳動組件係左、右對稱設置於該水平通孔內，並於接近該錐形迫緊元件的端面上設有相互對稱且與該錐形迫緊元件的錐形底面配合之一楔形表面；

   該推進裝置係可被操作地推動該楔形傳動組件相對水平位移，並由該楔形表面帶動該錐形迫緊元件垂直位移，使該錐形迫緊元件的錐形頂面穿過該外套管的通孔，向該內套管的錐形內凹溝槽迫緊，迫使該內套管與該外套管相對迫緊鎖固者。

2. 如申請專利範圍第1項所述之自行車伸縮管件防扭轉裝置，其中該推進裝置為一具有一操作旋鈕的推進螺桿，且該楔形傳動組件中之一具有與該推進螺桿配合的螺孔，當旋轉該推進螺桿時，藉由螺紋配合推動該楔形傳動組件相

對水平位移者。

3. 如申請專利範圍第1項所述之自行車伸縮管件防扭轉裝置，其中該推進裝置為一快拆桿式推進裝置，包括有一穿過該楔形傳動組件的中心軸，該中心軸的一端被一螺帽鎖緊，另一端則套接一弧形表面傳動塊後，再樞接一具有一凸輪表面的偏心扳桿，藉由扳動該偏心扳桿時產生的凸輪運動，推動該楔形傳動組件相對水平位移者。

4. 如申請專利範圍第1項所述之自行車伸縮管件防扭轉裝置，其中該本體的水平通孔內設有一導軌，且該楔形傳動組件設有一配合該導軌的導槽，藉以限制該楔形傳動組件在該本體的水平通孔內線性位移者。

5. 如申請專利範圍第1項所述之自行車伸縮管件防扭轉裝置，其中該內套管更具有至少一個錐形表面，且該外套管於對應該內套管的錐形表面的位置處更設有至少一個固定墊片；當該內套管與該外套管被相對迫緊鎖固，該錐形表面與該固定墊片亦被相對迫緊者。

七、圖式：

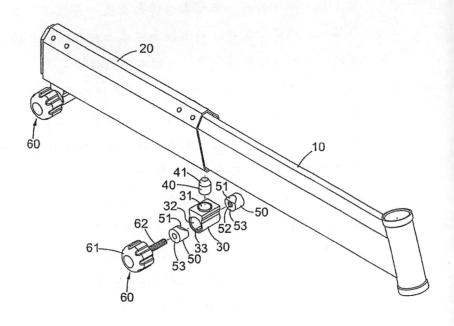

圖　1

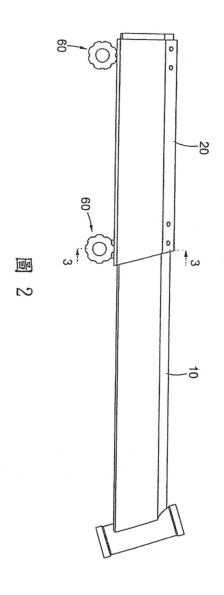

图 2

60

60

20

3

3

10

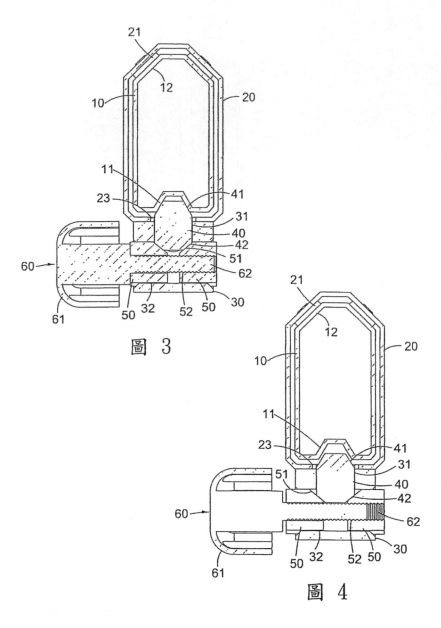

圖 3

圖 4

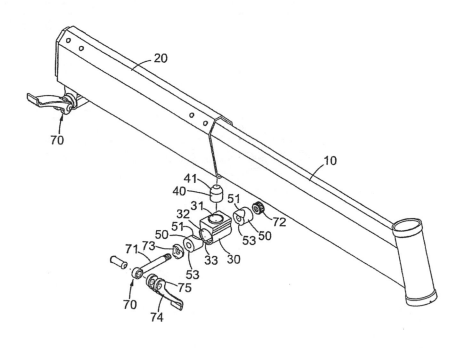

圖 5

261

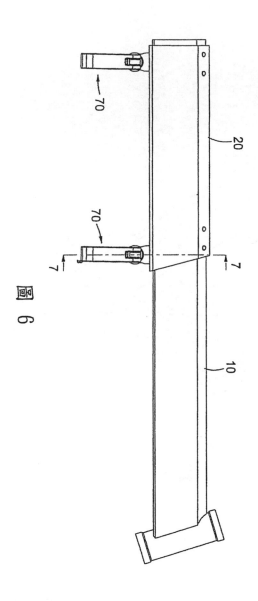

圖 6

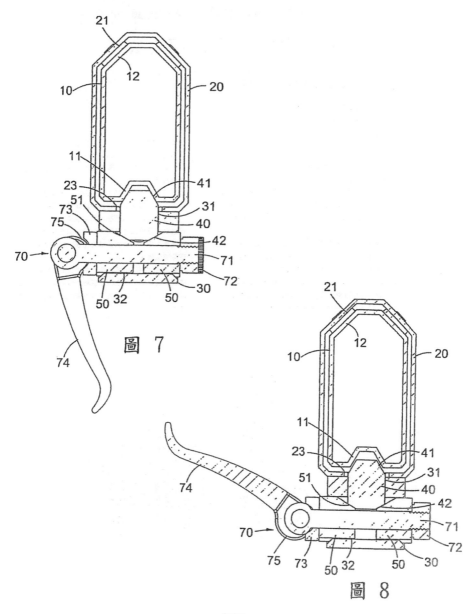

圖 7

圖 8

附錄 B：到 2013 年 12 月為止，所有已經公告的伸縮式自行車專利公告

B1： 12511, 1972 年 7 月公告

12511　伸縮輕便腳踏車　　B 62 k

一、申請案號數：五七五四七號
二、物品或方法：伸縮輕便腳踏車
三、創作申請人姓名：

　　　　　地址：
四、申請之日期：中華民國六十一年七月廿八日
五、請求專利部份

1　一種伸縮輕便腳踏車，主要係用可折合可升降之方向手把及可調整高低之座椅及前後輪距離可調整之伸縮部份及可折合之踏板，所共同構成為特徵者。

2　依據請求專利部份第 1 項之伸縮輕便腳踏車，其方向手把之折合部份係方向手把從中分成兩節，然後應用螺絲予以接合為特徵者。

3　依據請求專利部份第 1 項之伸縮輕便腳踏車，其方向手把之升降部份係應用螺結及與其共同構成之升降活動把手予以控制為特徵者。

4　依據請求專利部份第 1 項之伸縮輕便腳踏車，其座椅之升降部份係應用一伸縮管與伸縮接管，並用一U形固定件及升降活動把手之構成予以控制為特徵者。

5　依據請求專利部份第 1 項之伸縮輕便腳踏車，前後輪距離之調整部份係將伸縮管用上下夾持子以夾持，並以與扣趾滑塊共同運動之固定把手予以控制，且伸縮管為兩支平行之鋼管所構成，同時與車身平行，使承受壓力加強，使行駛更為平穩為特徵者。

6　依據請求專利部份第 1 項之伸縮輕便腳踏車，其踏板之折合部份係應用踏板軸端內半為方孔半為圓孔以及所裝設之彈簧所共同產生之折合構造為特徵者。

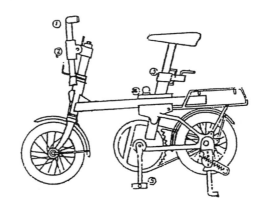

22196　具伸縮結構之腳踏車

B62k

一、申請案號數：六五二三二六七號
二、創作之名稱：具伸縮結構之腳踏車
三、創作人姓名：
　　申請人姓名：
　　　　住址：
　　代　理　人：
四、申請之日期：中華民國六十五年九月十六日
五、請求專利部份：
　（一）圖一種「具伸縮結構之腳踏車」，其構成特
　　　徵乃在於腳踏車之主骨架、把手、座騎等處
　　　預申設界軸套之伸縮，而可以自由地調控任
　　　何一種適合人腹騎坐之姿勢及各種不同大小
　　　高低之觀型，且各處皆有一鎖固結構，其踏
　　　板之裝配及替換因藉由阿弧孔與長槽而不須
　　　藉助螺絲扳手，且裝速收藏，亦可將踏扳收
　　　摺之結構者。
　（二）依請求專利部份第一項所述之兩把手可伸縮
　　　高低，亦可調控兩把手間之寬度，為其構成
　　　上之特徵。

　（三）依請求專利部份第一項所述之主骨架鎖固結
　　　構乃係藉由螺絲將軸歪之兩耳鎖固，施達夾
　　　緊骨架之目的。於螺絲頭外歪一外接於螺絲
　　　頭之環圈，藉由把手螺絲與螺絲頭正再兩面之
　　　緊密接觸而帶動螺絲轉動，施達鎖固之目的
　　　。
　（四）依請求專利部份第一項所述之把手、座騎之
　　　鎖固結構係以正多邊形桿，並以螺旋方向相
　　　反且與正多邊形桿之內螺絲旋配之螺絲，藉
　　　由外接於該正多邊形桿之環圈旋配於環圈之
　　　螺絲鎖住上述多邊形桿之任一面，而帶動螺絲
　　　，施達鎖固之目的。
　（五）依請求專利部份第一項所述之踏扳主軸內側
　　　之截面，係呈正方形，該正方形之邊長恰與
　　　以滑槽滑配之活動扳長槽的寬度相等，正方
　　　形之對角錢長恰與弧形孔直徑相同，上述弧
　　　形孔之中心恰為滑扳長之中心。並藉由固定
　　　於踏桿曲柄上之彈片及以楠及勾環呈電肘式
　　　連接而可將踏扳收摺之結構者。

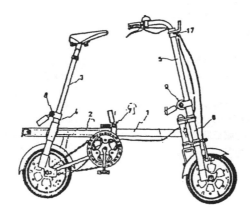

265

中華民國專利公報 [19] [12]

[11]公告編號：474303
[44]中華民國　91 年 (2002)　01 月 21 日
新型

全 4 頁

[51] Int.Cl ^{07}：B62K15/00

[54]名　　稱：迷你運動型自行車之車體伸縮結構
[21]申請案號：090204327　　[22]申請日期：中華民國　90年 (2001)　03 月 20 日
[72]創 作 人：

[71]申 請 人：

[74]代 理 人：

1

2

[57]申請專利範圍：

1. 一種迷你運動型自行車之車體伸縮結構，其係由前車架體與後車架體利用該車體伸縮結構組設形成全車架體，其中，該車體伸縮結構其包括：
穿設桿，其係一適當長度之桿體一端與前車架體相固設定位，而另一端則係形成適當之調整缺口，並使其可與容設管相套設定位；
容設桿，其係一適當長度之桿體一端與後車架體相固組，而另一端則係形成具有調整缺口之開放端以容設穿設桿穿設定位，又該容設桿之開放端外緣係套固一具有迫緊桿之環箍，且又於該容設桿之底部適當位置固組一具有穿孔之穿導片：
導桿，其係一適當長度之桿體，於穿

設桿與容設桿相配設後，以一端穿設過穿導片之穿孔組設定位於前車架體適當位置，而另一端則係獨立懸空形成止擋端：

5.　藉由上述構件之組成，以使該運動型自行車之車體可視實際使用情況伸縮調整，進而可達到使用方便、容易調整定位之實用效益者。

圖式簡單說明：

10.　　第 1 圖：係本創作之組合立體圖。
　　第 2 圖：係本創作之分解立體圖。
　　第 3 圖：係本創作之作動示意圖。
　　第 4-A 圖：係本創作之剖視圖一。
　　第 4-B 圖：係本創作之剖視圖二。
15.　　第 5 圖：係本創作之使用狀態側視圖。

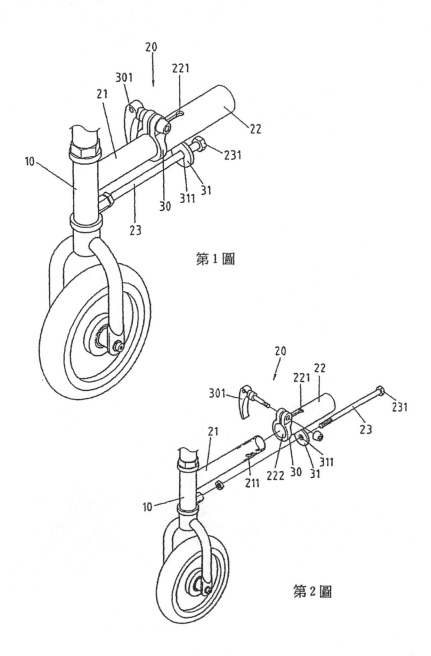

第1圖

第2圖

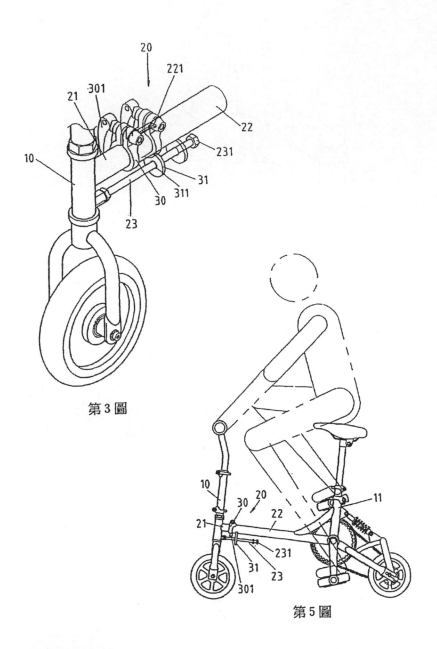

第3圖

第5圖

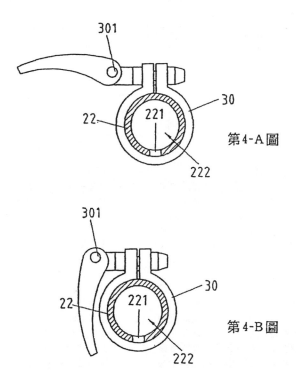

301

30

22

221

222

第4-A圖

301

30

22

221

222

第4-B圖

中華民國專利公報 [19] [12]

[11]公告編號：481141
[44]中華民國 91 年 (2002) 03 月 21 日
　　　　　新型　　　　　　　　　　　　　　全 6 頁

[51] Int.Cl⁰⁷： B62K15/00

[54]名　　稱：可伸縮折合使用之兒童用腳踏車
[21]申請案號：090200088　　　[22]申請日期：中華民國 90 年 (2001) 01 月 03 日
[72]創 作 人：

[71]申 請 人：

[74]代 理 人：

1

[57]申請專利範圍：

1. 一種可伸縮折合使用之兒童用腳踏車，主要具有一車架，該車架包括一前叉架、一後叉架及一連接該前叉架與該後叉架之連接管，該前叉架組裝有一前輪及一把手，而該後叉架則組裝有一後輪、一座墊及一傳動裝置：其特徵在於：

該前叉架或後叉架在位於該連接管組合之處設有至少一第一套管部，可與該連接管之相對位置處配合該第一套管部所設之一第二套管部接合，使該第一套管部可套設於該第二套管部之外側，而該第二套管部內可先套入一塞體，其中：

該塞體設有至少一貫穿之銷孔；

該第二套管部對應於該塞體之銷孔處設有二貫穿管壁之第二穿孔，令該塞體套入該第二套管部內時，該銷孔可與該第二穿孔對合；及

該第一套管部相對於該第二穿孔處

2

設有一個以上沿該第一套管軸向間隔距離分佈之二貫穿管壁之第一穿孔，在該第一套管部套設於該第二套管部之外側時，可選擇性地令其中之第一穿孔與該第二穿孔對合，並令一插銷可穿過該第一穿孔、該第二穿孔及該銷孔而固定該第一套管部、該第二套管部及該塞體之相對位置，藉此可調整該前叉架與該後叉架間之距離。

2. 如申請專利範圍第 1 項所述之可伸縮折合使用之兒童用腳踏車，其中該塞體設有一定位裝置，而該第二套管部上相對於該定位裝置之位置處設有相對定位裝置，在該塞體套入該第二套管部內時，藉該定位裝置與該相對定位裝置之固定作用，使該塞體之銷孔便於與該第二穿孔對合。

3. 如申請專利範圍第 2 項所述之可伸縮

5.

10.

15.

20.

折合使用之兒童用腳踏車，其中該
第一套管部亦設有一個以上相同於
該第二套管部之相對定位裝置，該
相對定位裝置係沿該第一套管部軸
向相對於該第一穿孔位置處排列，
使該塞體之定位裝置亦可選擇性地
與其中之一相對定位裝置產生固定
作用，而使該第二穿孔便於與該第
一穿孔對合。

4.如申請專利範圍第2項或第3項所述
之可伸縮折合使用之兒童用腳踏
車，其中該定位裝置為一可彈性收
縮之凸銷，而該相對定位裝置則為
一定位孔，令該凸銷可卡合於該等
定位孔而固定。

5.如申請專利範圍第2項所述之可伸縮
折合使用之兒童用腳踏車，其中該
定位裝置可進一步包含一鉚釘孔，
而位於該第二套管部之相對定位裝
置亦相對包含一鉚釘孔，令一鉚釘
可穿過該等鉚釘孔而固定。

6.如申請專利範圍第1項所述之可伸縮
折合使用之兒童用腳踏車，其中該
第一套管部之開口處可設有一軸向
之缺槽，使該第一套管部具有可收
縮或擴張之變形空間。

7.如申請專利範圍第6項所述之可伸縮
折合使用之兒童用腳踏車，其中該
第一套管部外部可套束一C型環，
藉該C型環之束緊作用強化該第一
套管部與該第二套管部之固定性。

8.如申請專利範圍第1項所述之可伸縮

折合使用之兒童用腳踏車，其中連
接該腳踏板與前傳動齒盤之曲柄上
各設有一個以上間隔距離分佈之軸
孔與踏板孔，可選擇性地分別組裝
5. 該腳踏板或該前傳動齒盤之軸心，
以調整該腳踏板至該前傳動齒盤軸
心之距離。

9.如申請專利範圍第1項所述之可伸縮
折合使用之兒童用腳踏車，其中該
10. 車架把手與剎車裝置連接之位置處
設有一連接件，使該連接件具有一
供該車架把手插置之把手插槽及一
供該剎車裝置插置之剎車插槽，令
該剎車插槽與把手插槽之外側各可
15. 容一螺絲鎖合。

圖式簡單說明：
　　第一圖係習知一種兒童用腳踏車
構造示意圖。
　　第二圖係本創作之一較佳實施例
20. 應用時大部結構分解示意圖。
　　第三圖係本創作之一較佳實施例
細部構造示意圖。
　　第四圖係本創作之另一較佳實施
例細部構造示意圖。
25. 　　第五圖係本創作之一較佳實施例
應用於收納時之示意圖。
　　第六圖係本創作之一較佳實施例
之可調整曲柄結構示意圖。
　　第七圖係本創作之一較佳實施例
30. 之車架把手與剎車裝置之組裝結構示
意圖。

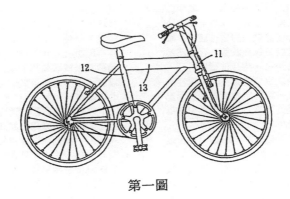

第一圖

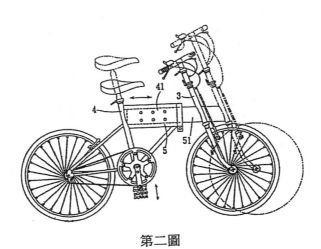

第二圖

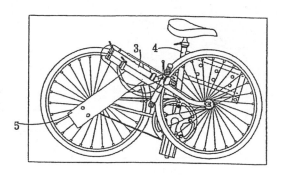

第五圖

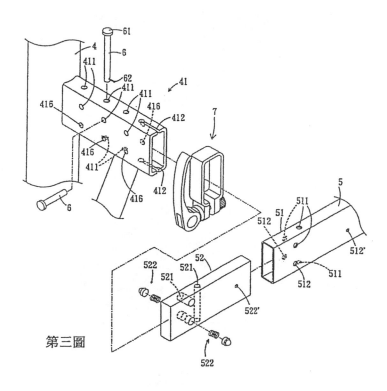

第三圖

273

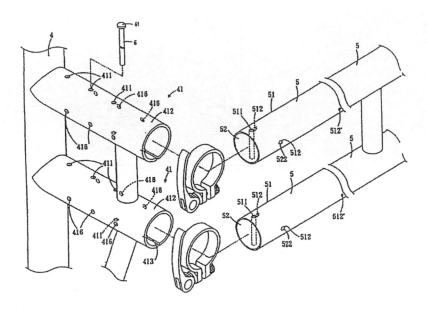

第四圖

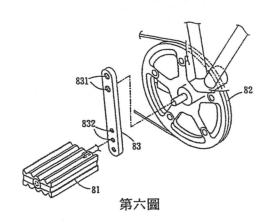

第六圖

274

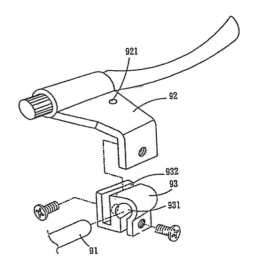

第七圖

中華民國專利公報 [19] [12]

[11]公告編號：481144
[44]中華民國　91 年 (2002)　03 月 21 日
新型　　　　　　　　　　　　　　　　全 4 頁
[51] Int.Cl⁰⁷：　B62K15/00

[54]名　　稱：伸縮摺疊自行車
[21]申請案號：　090209038　[22]申請日期：中華民國　90 年 (2001)　06 月 01 日
[72]創 作 人：

[71]申 請 人：

[74]代 理 人：

1

[57]申請專利範圍：

1. 一種伸縮摺疊自行車結構改良，主要係由把手、前叉、前車輪、腳踏、車架、座椅、後叉、後車輪、鎖固件及駐車架所構成；其特徵在於：係將該車架改良為兩橫桿，於該兩橫桿之一端連結於前叉之管身上並於該兩橫桿之他端連結一擋片後形成一長形缺口，該長形缺口可提供座椅組件及後叉組件穿設套置其上，俾令座椅組件及後叉組件可調整位移至選定固定點，於前車輪採用無鍊條可動式設計配合腳踏前置於前叉之前叉端上，達到採伸縮摺疊設計操作簡單且重量輕不佔空間之功效者。

2. 如申請專利範圍第1項所述之一種伸縮摺疊自行車結構改良，其中該座椅組件係由座椅、旋轉螺絲、螺帽、鎖固件、座椅ㄇ形座及蓋板所組成，又於該座椅ㄇ形座上開設大

2

小圓孔後，於另一蓋板上亦對應座椅ㄇ形座而開設大小圓孔，並於該蓋板之兩面大小圓孔分別焊接束管與螺帽。

3. 如申請專利範圍第1項所述之一種伸縮摺疊自行車結構改良，其中該後叉組件係於後叉之管身上亦焊接一底板，該底板亦同樣開設圓孔而焊接螺帽，將後叉ㄇ形座亦開設有大小圓孔。

4. 如申請專利範圍第1項所述之一種伸縮摺疊自行車結構改良，其中無鍊條可動式設計乃是於該腳踏前置於前叉之前叉端上，於前叉端之花鼓內置放單向軸承。

圖式簡單說明：

　　第一圖：係本創作結構組合立體外觀圖。

　　第二圖：係本創作之高低調整座椅組件及後腳架組件套置於車架上之

分解示意圖。   示意圖。

   第三圖：係本創作結構摺疊狀態

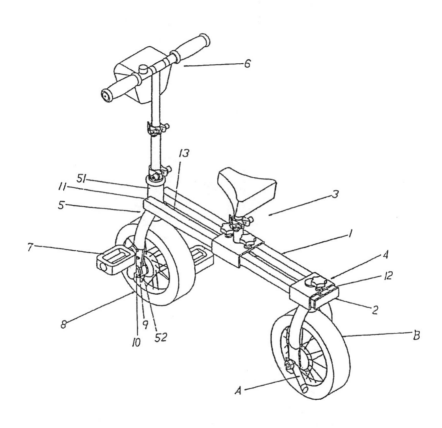

第一圖

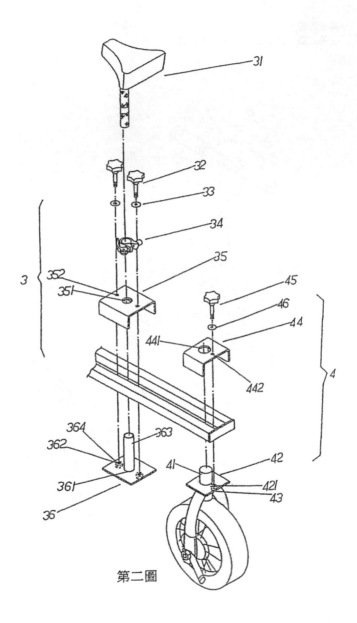

第二圖

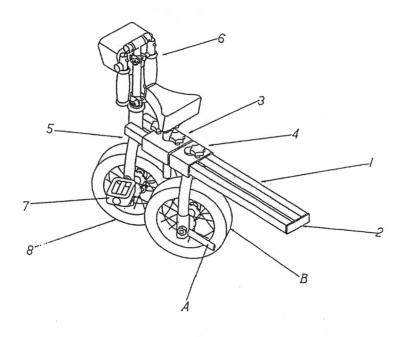

第三圖

中華民國專利公報 [19] [12]

[11]公告編號:566390
[44]中華民國 92 年 (2003) 12 月 11 日
新型
全 9 頁
[51] Int.Cl.⁷ : B62K15/00

[54]名 稱:伸縮式自行車
[21]申請案號: 091218684 [22]申請日期:中華民國 91 年 (2002) 11 月 20 日
[30]優 先 權: [31]91200732 [32]2002/01/25 [33]中華民國
[72]創 作 人:

[71]申 請 人:

[74]代 理 人:

[57]申請專利範圍:

1.一種伸縮式自行車,包括有:一前車架,其設有一車頭管,一由下向上穿插通過該車頭管的前叉管,該前叉管頂端與一車把手的把手立管連接;以及一後車架,其設有一供安裝一曲柄式腳踏板及一傳動裝置的徑向五通管,該徑向五通管延伸聯結有一後叉管組件,並於該後叉管組件上組裝有一可被該傳動裝置帶動而旋轉的後輪,其特徵在於:

該車頭管連接有一向後延伸的子管;

該徑向五通管上分別焊固有一組向上延伸且相互平行的偏移中管及支撐立管,該偏移中管可供插設固定

一上附座墊的座管,而該支撐立管的頂端則連接有一兩端均呈開口狀的中空母套管,該母套管可供該子管穿插通過,並容許該子管相對於該母套管移動,藉以調整該子管相對於該母套管的伸出長度,並於該母套管兩端設有供向內迫緊鎖固該子管的扣件者。

2.如申請專利範圍第 1 項所述之伸縮式自行車,其中該子管內部設有一嵌合構件,而該母套管內部則設有可嵌入該嵌合構件內的嵌入構件,藉以限制該子管與該母套管間產生一相對旋轉運動者。

3.如申請專利範圍第 1 項所述之伸縮式

3

自行車，其中該母套管的兩個開口端分別開設一個 T 形裂縫，使該母套管在被該兩端扣件鎖固時，具有向內迫緊該子管的彈性趨勢。

4. 如申請專利範圍第 1 項所述之伸縮式自行車，其中該座墊係利用一座墊撐管而與該座管的側面連接，且使該座墊係位於該母套管之正上方。

5. 如申請專利範圍第 1 項所述之伸縮式自行車，其中該座管係可相對於該偏移中管移動，並利用一第三扣件將該座管鎖固於一選擇高度上；該座管上設一道溝槽，而該中管上則設有一可與該溝槽相對應的定位座，並以一定位鈕作為該座管的上下位移調整控制。

6. 如申請專利範圍第 1 項所述之伸縮式自行車，其中該該子管內部成中空狀，使其內部形成為一置物空間，並可利用一蓋子封閉該置物空間者。

7. 如申請專利範圍第 1 項所述之伸縮式自行車，其中該子管的尾端邊緣設有一限動凸緣，其在該子管被拉出至其尾端與該母套管的尾端貼齊時，被該母套管的尾端端緣所阻擋，藉以限制該子管無法與該母套管脫離。

8. 如申請專利範圍第 1 項所述之伸縮式自行車，其中該車頭管更連接有一向後延伸且平行於該子管的第二子管，該母套管上方則利用至少一個連接管件，架設有一兩端均呈開口的第二母套管，該第二母套管可供該第二子管穿插通過，並容許該第二子管相對於該第二母套管移動。

9. 如申請專利範圍第 1 項所述之伸縮式自行車，其中該把手立管上設有一

4

供向下折疊該把手立管的折疊鉸鍊者。

10. 如申請專利範圍第 1 項所述之伸縮式自行車，其中該母套管下方處進一步固設有一供插置該座管的中空水平狀座管插置管者。

圖式簡單說明：

圖一為本創作伸縮式自行車第一實施例之立體視圖；

圖二為該伸縮式自行車之立體分解視圖；

圖三為該伸縮式自行車之平面視圖；

圖四近似於圖三，而為該伸縮式自行車被拉伸最大輪距時之平面視圖；

圖五為沿著圖三中的5～5線所繪製成的徑向剖面視圖，藉以展示該子管與母套管間防止相對扭轉的嵌合構件；

圖六為沿著圖三中的6～6線所繪製成的軸向剖面視圖，藉以展示一偏移中管及一供固定該母套管的支撐立管；

圖七係將該伸縮式自行車收縮至最短長度時之立體視圖；

圖八為本創作伸縮式自行車第一實施例之立體視圖；

圖九為本創作伸縮式自行車第三實施例之立體視圖；

圖十為該伸縮式自行車第三實施例被收摺至最小體積時之立體視圖；

圖十一近似於圖十，而為將該伸縮式自行車收藏於一手提置物箱內之立體視圖；以及

圖十二為一種習用伸縮式自行車之結構平面圖。

281

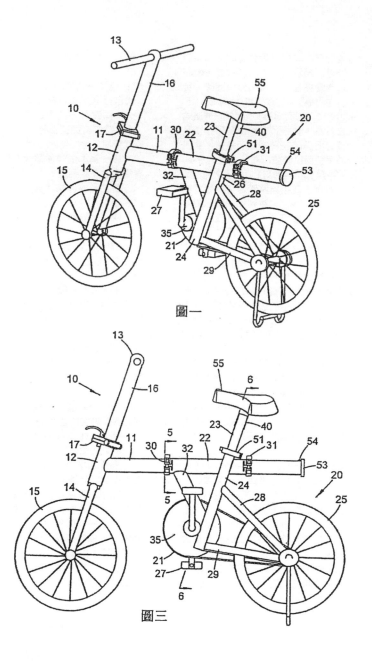

圖一

圖三

282

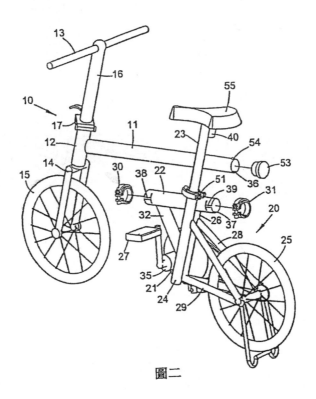

圖二

283

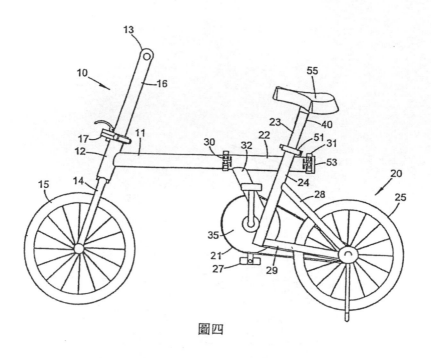

圖四

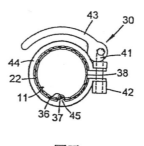

圖五

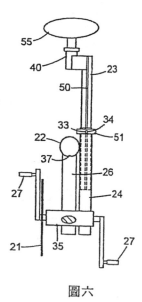

圖六

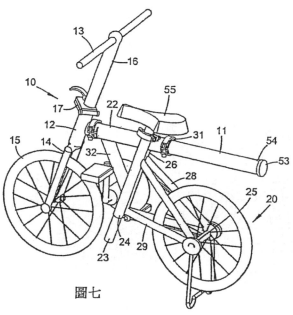

圖七

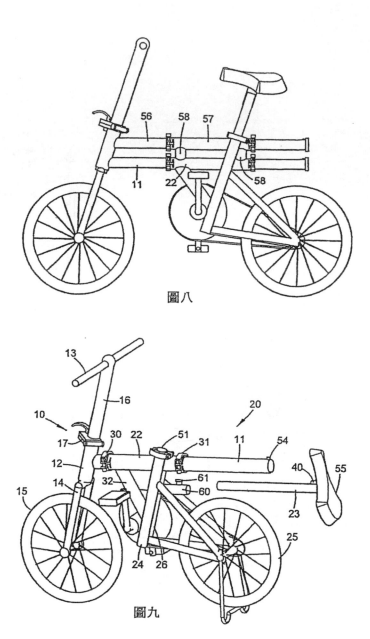

圖八

圖九

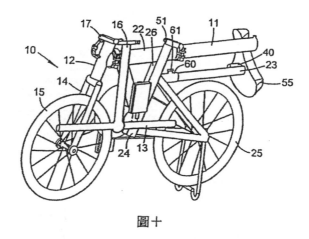

圖十

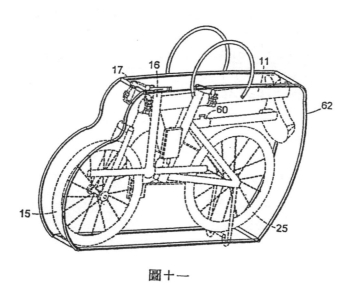

圖十一

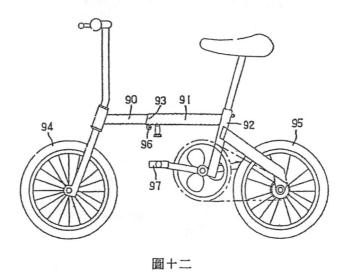

圖十二

【19】中華民國　　　　　【12】專利公報　（U）

【11】證書號數：M241310
【45】公告日：　中華民國　93 (2004) 　年　08 月 21 日
【51】Int. Cl.⁷：　B62K15/00

新型　　　全10頁

【54】名　稱：伸縮腳踏車之結構改良

【21】申請案號：092214896　　　【22】申請日期：中華民國 92 (2003)　年 08 月 18 日

【72】創 作 人：

【71】申請人：

【74】代理人：

1

[57]申請專利範圍：

1.一種伸縮腳踏車之結構改良，應用於腳踏車之主骨架上，利用在主骨架之橫桿上平移車頭之相對位置的方式，將腳踏車伸縮，包括有：

至少一橫桿，為腳踏車主要骨架的一部份，用來支撐與連結腳踏車上所有元件，並且該橫桿前後分別設二固定座，其中一固定座上設一第一穿孔，用來裝設腳踏車之前叉架；

2

一滑移件，於該滑移件之側壁及頂部分別設置有第二穿孔與第三穿孔，該滑移件側壁之第二穿孔使該滑移件可架設並滑動於前述橫桿上，而滑移件頂部之第三穿孔，用來架設後叉架：

一固定件，包含有：一固定片及一固定桿，於前述之滑移件上設有一第一固定孔，將該固定件與滑移件相接合，並於該固定片上配合前述

5.

10.

289

第一固定孔位置設一第二固定孔，
以裝設固定桿。

2.如申請專利範圍第1項所述之伸縮腳
踏車之結構改良，其中該二固定座
與橫桿相接處設有一彈性元件，以
吸收滑移件於橫桿上滑移時的撞擊
力道。

3.如申請專利範圍第2項所述之伸縮腳
踏車之結構改良，其中該彈性元件
係為一軟墊或彈簧。

4.如申請專利範圍第1項所述之伸縮腳
踏車之結構改良，其中該第一、二
固定座側壁分別設有第四及第五穿
孔，以提供橫桿與固定座接合。

5.如申請專利範圍第1項所述之伸縮腳
踏車之結構改良，其中該固定座與
橫桿係用一固定元件連接，將橫桿
固鎖於該固定座上。

6.如申請專利範圍第5項所述之伸縮腳
踏車之結構改良，其中該固定元件
係為螺絲或錨碇筋。

7.如申請專利範圍第5項所述之伸縮腳
踏車之結構改良，其中該固定座上
設有一第三固定孔。

8.如申請專利範圍第1項所述之伸縮腳
踏車之結構改良，其中該滑移件上
搭配固定片接合之位置設一凹槽，
以與該固定片相嵌合。

9.如申請專利範圍第1項所述之伸縮腳
踏車之結構改良，其中該固定片設
有一凹陷處，與穿設過滑移件的橫
桿形狀搭配。

10.如申請專利範圍第1項所述之伸縮
腳踏車之結構改良，其中該固定桿

底部係為一卡接部，用以緊合固定
片、橫桿與滑移件之間隙，以固定
滑移件之位置。

11.如申請專利範圍第10項所述之伸縮
腳踏車之結構改良，其中該卡接部
係為一螺栓或卡桿。

12.如申請專利範圍第1項所述之伸縮
腳踏車之結構改良，其中該固定桿
頂部係為一凸輪，利用凸輪之偏心
構造，將固定片、橫桿及滑移件緊
密結合固定。

13.如申請專利範圍第1項所述之伸縮
腳踏車之結構改良，其中該第二穿
孔二側端口係設有滾珠軸承或滾
輪，以利橫桿滑動。

圖式簡單說明：

　　第1圖，係習知伸縮腳踏車外觀
圖。

　　第2圖，係習知伸縮腳踏車外觀
圖。

　　第3圖，係本新型之分解圖。

　　第4圖，係本新型之外觀立體
圖。

　　第5圖，係本新型之實施狀態示
意圖。

　　第6-1圖，係本新型之實施狀態
作動圖。

　　第6-2圖，係本新型之實施狀態
作動圖。

　　第7圖，係本新型之第二實施例
示意圖。

　　第8圖，係本新型之第三實施例
示意圖。

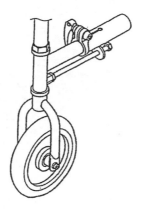

第 1 圖

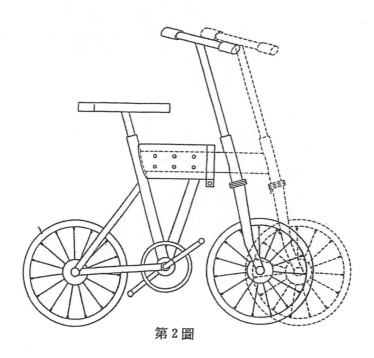

第 2 圖

291

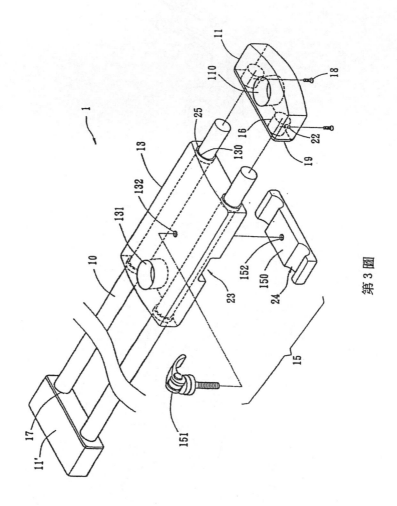

第 3 圖

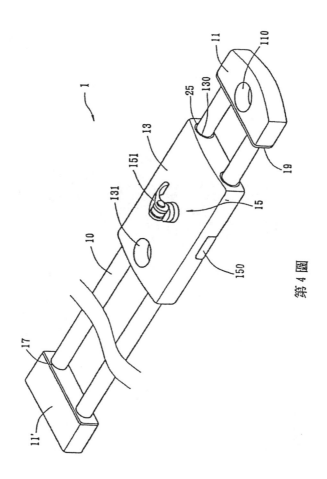

第 4 圖

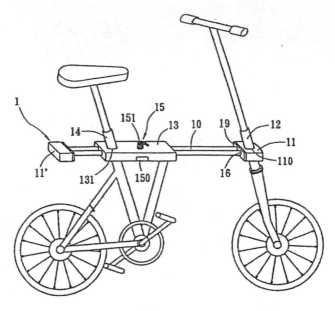

第 5 圖

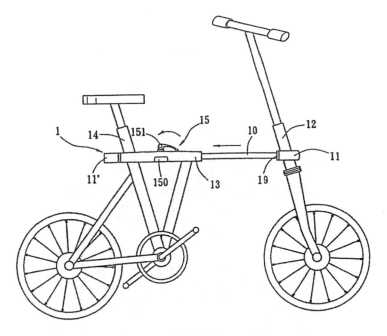

第 6-1 圖

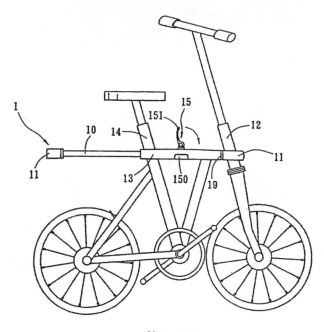

第 6-2 圖

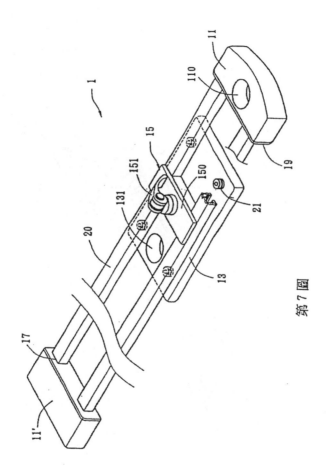

第 7 圖

297

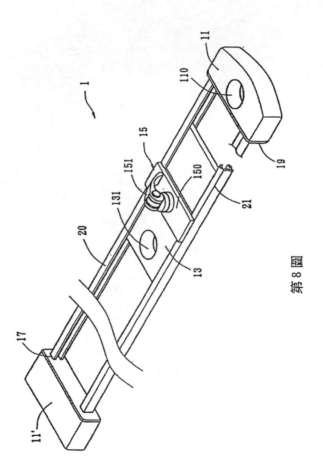

第 8 圖

298

【19】中華民國 　　　　　【12】專利公報 　（U）

【11】證書號數： M255206
【45】公告日： 中華民國 94 (2005) 年 01 月 11 日
【51】Int. Cl.⁷: B62K15/00

新型 　　　全12頁

【54】名 　稱： 伸縮式自行車
STRETCHABLE BICYCLE

【21】申請案號： 092210060 　　　【22】申請日期： 中華民國 92 (2003) 年 05 月 30 日

【72】創作 人：

【71】申請人：

【74】代理人：

1

[57]申請專利範圍：

1.一種伸縮式自行車,包括有:一前車架,其設有一車頭管,一由下向上穿插通過該車頭管的前叉管,該前叉管頂端與一車把手的把手立管連接,其底端組裝有一可自由轉動的前輪;以及一後車架,其設有一供安裝一曲柄式腳踏板及一傳動裝置的五通管,該五通管延伸聯結有一後叉管組件,並於該後叉管組件上組裝有一可被該傳動裝置帶動而旋

2

轉的後輪,該後輪與該前輪位於同一中心線平面上;其特徵在於:
該車頭管連接有一向後延伸並偏離該中心線平面的子管;
5.　該五通管上連接有一向上延伸並位於該中心線平面上的座管,其一頂端可供一與之位於同一軸線上且固設有一座墊的座墊立管插入其內,而其一側面則連接有一偏離該中心線平面並與該子管共線之中空母套
10.

管，該母套管具有兩個開口端，使該子管以可相對位移方式穿插通過該母套管，並於該母套管之兩個開口端處分別設有供向內迫鎖鎖固該子管的一第一及一第二扣件者。

2. 如申請專利範圍第1項所述之伸縮式自行車，其中該子管內部設有一嵌合構件，而該母套管內部則設有可嵌入該嵌合構件內的嵌入構件，藉以限制該子管與該母套管間產生一相對旋轉運動者。

3. 如申請專利範圍第1項所述之伸縮式自行車，其中該母套管與該五通管間更焊固有一補強連接管，該補強連接管具有一偏離該中心線平面的斜度者。

4. 如申請專利範圍第1項所述之伸縮式自行車，其中該母套管與該座管間加銲有一分別與兩者形成面接觸之接合補強片。

5. 如申請專利範圍第1項所述之伸縮式自行車，其中該子管係被連接於該車頭管之一側面上，並以一平行於該中心線平面之一偏移角度向後延伸者。

6. 如申請專利範圍第5項所述之伸縮式自行車，其中該子管與該車頭管間加銲有一分別與兩者形成面接觸之接合補強片。

7. 如申請專利範圍第5項所述之伸縮式自行車，其中該子管為一兩端均為開口端的中空管件，其內部形成為一置物空間，並可分別利用兩端蓋子封閉該置物空間者。

8. 如申請專利範圍第1項所述之伸縮式自行車，其中該母套管的兩個開口端分別開設有一個T形裂縫，使該母套管在被該第一及第二扣件鎖固時，具有向內迫緊該子管的彈性趨勢。

9. 如申請專利範圍第8項所述之伸縮式自行車，其中該兩個開口端與該兩個T形裂縫間分別界定出兩片相對隔開且具有彈性應變能力的懸垂片體，並在該兩片懸垂片體上分別垂直焊固有一相對的有孔突耳，該第一及第二扣件之一螺桿分別穿過該兩片有孔突耳後，分別與一螺帽相互螺合，該螺桿的另一端則樞接有一偏心扳桿；操作該偏心扳桿時，藉由其凸輪表面與該螺帽相對施力於該兩片有孔突耳上，進而帶動該兩片懸垂片體相對接近及相對遠離者。

圖式簡單說明：

圖一為本創作伸縮式自行車第一實施例之立體分解視圖；

圖二為圖一所示自行車位於最大伸展長度時之立體組合視圖；

圖三為圖二所示自行車之平面視圖；

圖四為沿著圖三中的4～4線所繪製成的剖面放大視圖；

圖五為沿著圖三中的5～5線所繪製成的剖面放大視圖；

圖六為圖三所示自行車之背面部份放大視圖；

圖七類似於圖二，而為該自行車被調整至不同車架長度時之立體視圖；

圖八近似於圖七，而為該自行車被調整至最小縮收長度時之立體視圖；

圖九為本創作伸縮式自行車第二實施例之立體組合視圖；

圖十為一種習用伸縮式自行車之結構平面圖；

圖十一為本案申請人前提出申請之引證二案之立體組合視圖；以及

圖十二為圖十一所示自行車中複

合式座管結構之正面部份放大視圖。

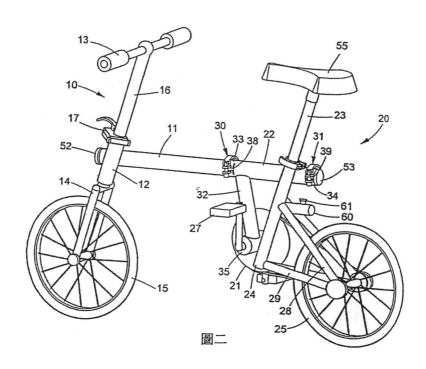

圖二

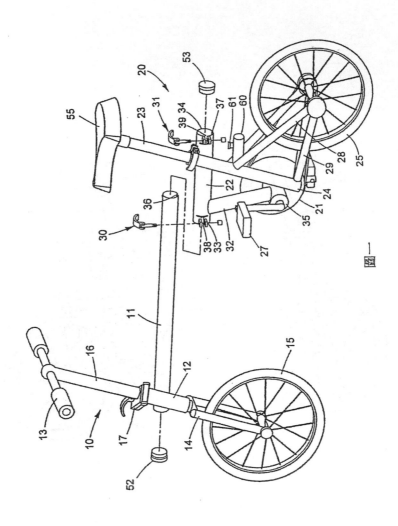

302

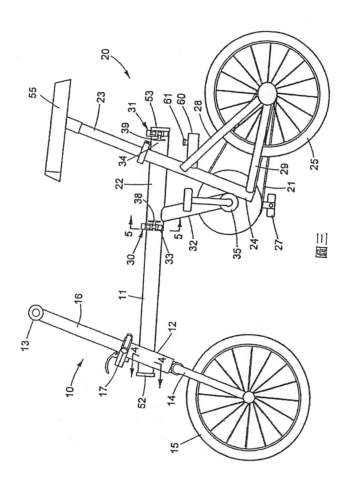

圖三

303

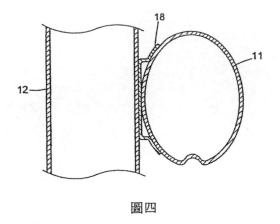

圖四

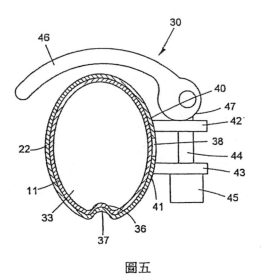

圖五

304

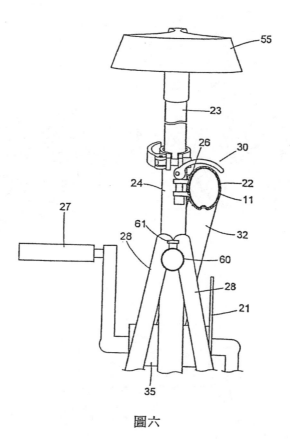

圖六

305

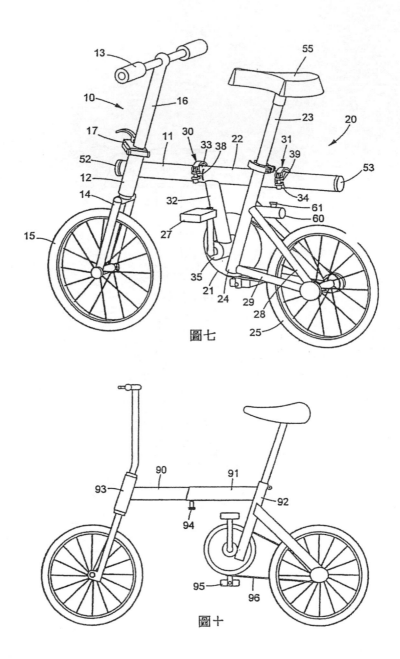

圖七

圖十

306

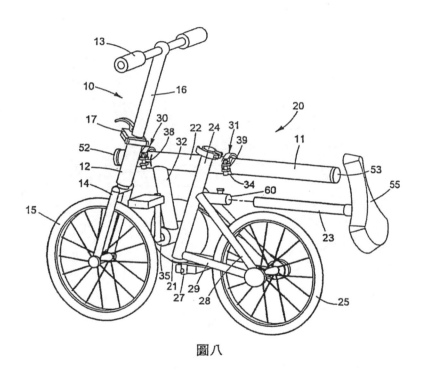

圖八

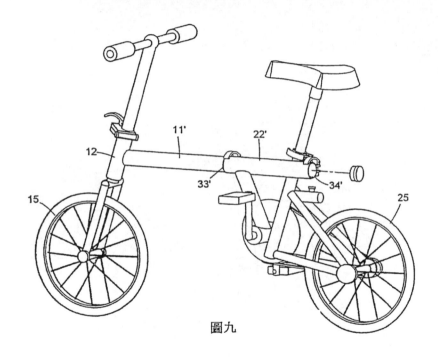

圖九

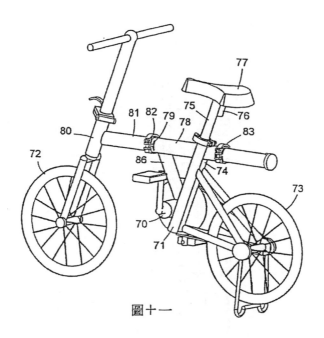

圖十一

309

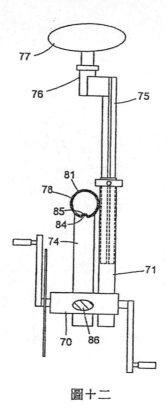

圖十二

【19】中華民國 　　　　　【12】專利公報 　（U）

【11】證書號數： 　M255207
【45】公告日： 　中華民國 94 (2005) 年 01 月 11 日
【51】Int. Cl.⁷： 　B62K15/00

新型　　全 6 頁

【54】名 　稱： 連桿伸縮式腳踏車

【21】申請案號： 　093203860 　【22】申請日期： 中華民國 93 (2004) 年 03 月 12 日

【72】創 作 人：

【71】申請人

【74】代理人：

1

[57]申請專利範圍：
1.一種連桿伸縮式腳踏車，其包括一車
　頭部、一座椅部及一連桿部，其
　中：
　(A)該車頭部，係至少具有：
　一把手，係裝設於該車頭部上；
　一前輪，係樞設於該車頭部上，並
　受該把手控制轉向；
　一車架管，係固定在該車頭部上，
　並大體由該車頭部朝該連桿部的方
　向延伸，該車架管具有一外管面；

2

　(B)該座椅部，係至少具有：
　一座墊，係設在該座椅部上；
　一立管，係供該座墊樞接；
　(C)該連桿部，係至少包括：
5.　一第一連桿，其一端設一第一樞接
　件，以該第一樞接件供該第一連桿
　的該端在該車架管的外管面滑移，
　且以該第一樞接件供該第一連桿在
　該車架管上旋擺；而該第一連桿的
10.　另端則設一第二樞接件，以該第二

樞接件供該第一連桿與該立管樞
接，且以該第二樞接件供該第一連
桿在該立管上旋擺；

一第二連桿，係以一端與該車架管
旋擺樞接，且該第二連桿的該端係
樞接於該車架管上的該第一樞接件
後面，而該第二連桿的一端與另端
之間上突一組耳部，以該組耳部供
該立管旋擺樞接；

(D)一後輪，係樞接在該第二連桿的
另端，且兩個阻尼輪係以相同的傾
斜角度樞接於該後輪的軸心；

(E)一傳動組，係樞接於該第二連桿
的該端與該組耳部之間，且依該第
二連桿在該車架管上的旋擺以及該
第一樞接件在該車架管之外管面的
滑移，而可以在一第一位置與一第
二位置之間移動。

2.如申請專利範圍第1項所述之一種連
桿伸縮式腳踏車，其中，該把手係
可在該車頭部上伸縮。

3.如申請專利範圍第1項所述之一種連
桿伸縮式腳踏車，其中，該座墊係
可在該立管上伸縮。

4.如申請專利範圍第1項所述之一種連
桿伸縮式腳踏車，其中，該第一樞
接件及該第二樞接件皆設一快拆式
束緊環。

5.如申請專利範圍第1項所述之一種連
桿伸縮式腳踏車，其中，該傳動組
係設一傳動輪盤。

6.如申請專利範圍第1項所述之一種連
桿伸縮式腳踏車，其中，該傳動組
位於該第一位置時，該立管、該第
一連桿及該第二連桿三者之間大體
呈三角形。

7.如申請專利範圍第1項所述之一種連
桿伸縮式腳踏車，其中，該傳動組
位於該第二位置時，該第一連桿大
體與該車架管平行並列，而該第二
連桿則大體與該立管平行並列。

8.如申請專利範圍第1項所述之一種連
桿伸縮式腳踏車，其中，該第二連
桿在旋擺的過程中，除帶動該傳動
組由該第一位置改變到該第二位
置，且帶動該阻尼輪由傾斜角度改
變到大體垂直。

9.如申請專利範圍第1項所述之一種座
椅之靠墊改良結構，其中，該第一
樞接件與該傳動組的軸心之間，設
一支撐元件。

10.如申請專利範圍第9項所述之一種
連桿伸縮式腳踏車結構，其中，該
支撐元件係為一避震器。

圖式簡單說明：

　　第一圖係本創作之較佳實施例示
意圖

　　第二圖係第一圖之平面示意圖
　　第三圖係第二圖收縮後之示意圖
　　第四圖係本創作收縮後之後側示
意圖

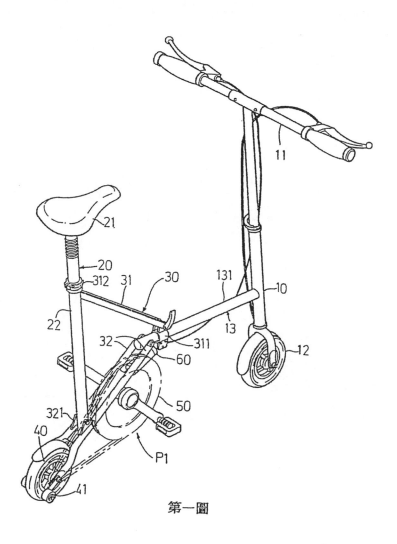

第一圖

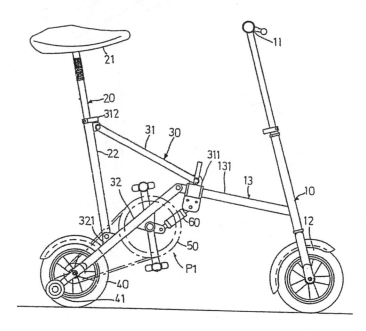

第二圖

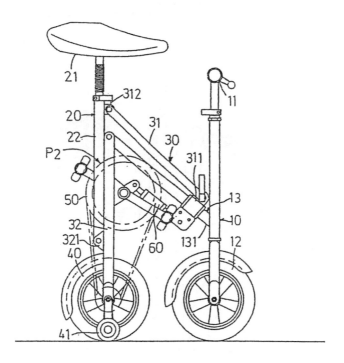

第三圖

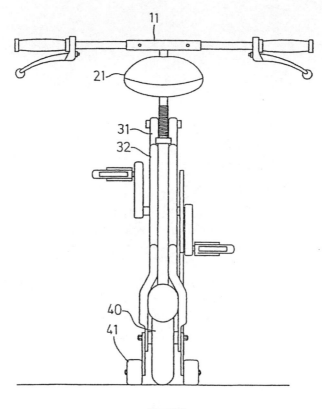

第四圖

【19】中華民國　　　　　　　【12】專利公報　（Ｕ）

【11】證書號數： M255208
【45】公告日： 中華民國 94 (2005) 年 01月11日
【51】Int. Cl.⁷： B62K15/00
　　　　　　　B62K13/02

新型　　　全 7 頁

【54】名　　稱： 腳踏車之伸縮裝置改良

【21】申請案號： 093203861　　【22】申請日期： 中華民國 93 (2004) 年03月12日

【72】創 作 人：

【71】申請人

【74】代理人

1

[57]申請專利範圍：

1.一種腳踏車之伸縮裝置改良，其包括
一車頭部及一車身部：
　(A)該車頭部，係至少具有：
　一把手，係裝設於該車頭部上；
　一前輪，係極設於該車頭部上，並
受該把手控制轉向；
　一車架內管，係固定在該車頭部
上，並大體由該車頭部朝該車身部
的方向延伸，該車架內管具有一內
管外徑，且依預定距離穿透該車架

5.

10.

2

內管設複數個內管孔：
　(B)該車身部，係至少具有：
　一座墊；
　一車架外管，係固定在該車身部
上，該車架外管具有一外管內徑，
該外管內徑大約等於該內管外徑，
讓該車架外管可以該外管內徑在該
車架內管之內管外徑上滑移；且對
應該內管孔而在該車架外管上，依
預定距離穿透該車架外管設複數個

外管孔，該車架外管具有前管部及一後管部；

(C)一卡制裝置，係具有彈性，該卡制裝置設於該車架內管內部，且該卡制裝置對應該內管孔及該外管孔的部位，突設一卡鈕，且該卡鈕可同時卡制於該內管孔及該外管孔內。

2.如申請專利範圍第1項所述之一種腳踏車之伸縮裝置改良，其中，該把手係可在該車頭部上伸縮。

3.如申請專利範圍第1項所述之一種腳踏車之伸縮裝置改良，其中，該座墊係可在該車身部上伸縮。

4.如申請專利範圍第1項所述之一種腳踏車之伸縮裝置改良，其中，該卡鈕具有一弧面。

5.如申請專利範圍第1項所述之一種腳踏車之伸縮裝置改良，其中，該車架外管近該前管部的部位，設一環繞固定件，且配合該環繞固定件，將該車架外管近該前管部的部位剖設一道縫隙。

6.如申請專利範圍第1項所述之一種腳踏車之伸縮裝置改良，又包括：

一副車體，係配合該車身部之車架外管的後管部而設，該副車體大體設有一副車頭部及一副車身部，該副車頭部具有一副車架內管；而一前車架內管係連結在該副車體之副車頭部上，並從該副車架內管上朝該副車頭部的方向延伸出來；

該副車身部係以一副車架外管樞接於該副車頭部之副車架內管。

7.如申請專利範圍第1或6項所述之一種腳踏車之伸縮裝置改良，其中，該前車架內管與該車架外管之後管部的樞接處、該副車架內管與該副車架外管的樞接處，皆設有該卡制裝置及該環繞固定件。

圖式簡單說明：

第一圖係本創作之較佳實施例暨部分結構剖面示意圖

第二圖係本創作之較佳實施例暨部分結構作動示意圖

第三圖係第一圖之部分結構作動示意圖

第四圖係本創作之其他實施例示意圖

第五圖係第四圖之結合後示意圖

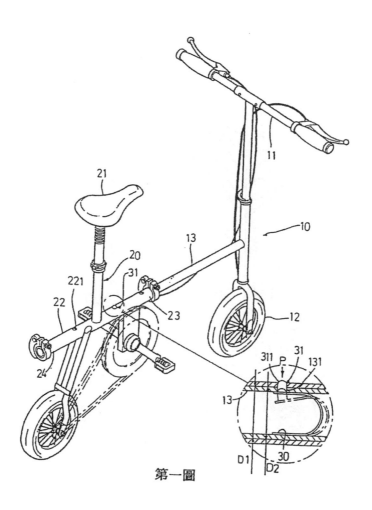

第一圖

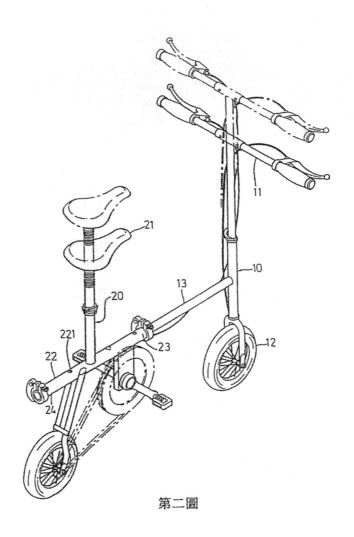

第二圖

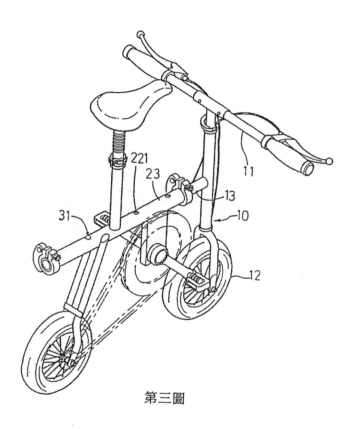

第三圖

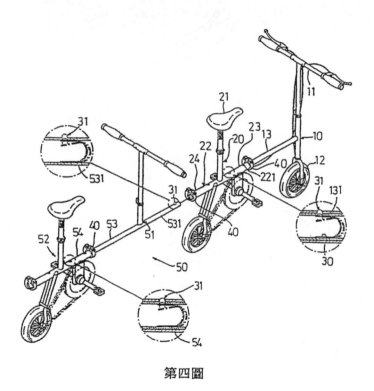

第四圖

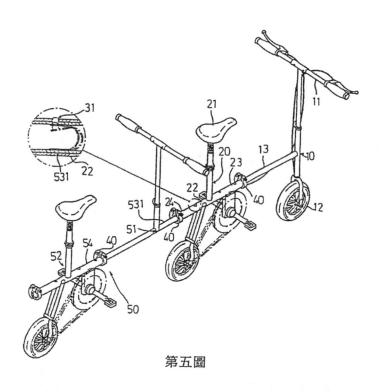

第五圖

【19】中華民國　　　　　【12】專利公報　（U）

【11】證書號數： M262431
【45】公告日： 中華民國　94 (2005)　年　04 月 21 日
【51】Int. Cl.⁷： B62K15/00

新型　　全 8 頁

【54】名　稱： 伸縮折合行李箱式腳踏車

【21】申請案號： 092217091　　【22】申請日期： 中華民國　92 (2003)　年 09 月 23 日

【72】創 作 人：

【71】申 請 人：

【74】代 理 人：

1

2

[57]申請專利範圍：

1.一種伸縮折合行李箱式腳踏車，主要具有一車架，該車架包括一前叉架、一後叉架及兩支連接該前叉架與該後叉架之可伸縮連接管，該前叉架組裝有一前輪及一把手，而該後叉架則組裝有一後輪、一座墊及一項傳動裝置等，其特徵在於該車外殼套設於車架的後半部，包括有一後叉架、一後輪、一座墊、一項傳動裝置及兩支伸縮連接管外，還

能容納一前叉架、一前輪、一把手之位置，其形狀如同行李箱式，由於該連接於前叉架及後叉架之兩支可伸縮連接管，是由前半部連接管與後半部連接管組合而成，這使得該前半部連接管可套設於後半部連接管之內側，而該前半部連接管之前端固定於前叉架兩側，而該後半部連接管之中間處則固定於座管之兩側，其後半部連接管的前端裝有

5.

10.

324

一C型快鎖以作為束緊、強化該後半部連接管與該前半部連接管互相套合作固定之用途，而C型快鎖後面設有連軸雙正齒輪，此連軸雙工齒輪配合與該二支前半部連接管下方的齒條互相組合成可前後能伸縮之作用，因正齒輪的連軸心一端裝有一正齒輪手柄，在旋轉正齒輪手柄時，該二支伸縮連接管同時自動帶動前叉架、前輪、把手一起移動至車外殼內部，但是前提是當前叉架、前輪、把手要一起移動時，必須先一起轉180度後折彎把手放置於前輪右側後，才能一起移動至車外殼內部，此後再壓下車墊及腳踏板，將其放置於一定的位置，使該腳踏車全部納入車殼內，使形成一只行李箱式以易於攜帶或便於拖行走路。

2.如申請專利範圍第1項所述之伸縮折合行李箱式腳踏車，其中伸縮連接管設有齒輪組合的裝置，可使伸縮連接管前後伸縮功能易於移動者。

3.如申請專利範圍第1項所述之伸縮折合行李箱式腳踏車，其中所設計之二支可伸縮連接管是固定於座管兩側，可使該伸縮連接管延伸至後叉架上方，以增大伸縮之距離，藉此方法收合時，前輪與後叉之距離可更接近，腳踏車的長度勢將能縮短許多者。

4.如申請專利範圍第1項所述之伸縮折合行李箱式腳踏車，其中車外殼的部分如同行李箱型式外，也可在其車外殼表面彩繪其他圖案或可設計成其他適合的形狀，以增強腳踏車外觀的多元性變化與美觀，如車外殼不用於本創作者之伸縮折合行李箱式腳踏車時，也可變為伸縮折合式腳踏車者。

5.如申請專利範圍第1項所述之伸縮折合行李箱式腳踏車，其中車外殼後下方兩側各裝置一個小輪子以便於車體平衡拖行走路功能者，同時，因其中一部分握手會凸出於車外殼前下方，可利用此握手作為拖行把手使用者。

6.如申請專利範圍第1項所述之伸縮折合行李箱式腳踏車，其中的二支伸縮連接管，其後半部連接管之前端外側可套束各一C型快鎖，藉此C型快鎖之束緊作用以強化該後半部連接管與該前半部連接管之固定性者。

7.如申請專利範圍第1項所述之伸縮折合行李箱式腳踏車，其中該腳踏車可作以下快速簡易動作完成縮短長度者，首先，打開車外殼開合蓋子，使前叉架、前輪、把手一起轉動180度，再旋轉正齒輪手柄來收縮二支伸縮連接管，使帶動其前叉架、前輪及把手一起進入車外殼內部，並將開合蓋子關回，如此，可簡單快速完成該輛腳踏車之改變長度動作者。

8.如申請專利範圍第1項所述之伸縮折合行李箱式腳踏車.其中一項傳動裝置之二支左右曲柄，設有一曲柄固定頭、一曲柄伸縮管及曲柄束鎖；當曲柄束鎖鬆開時，能將曲柄上下移動並可任意旋轉360度的角度，這可使腳踏板改變角度，使其能自由選擇適當的放置位子者。

9.如申請專利範圍第1項所述之伸縮折合行李箱式腳踏車，其中該兩支伸縮連接管的外形，除可設計為橢圓形管外，也可設計成長方形管、圓形管、四方管等造型，而在二支伸縮連接管的伸縮作用，不用齒輪控制其伸縮作用時，也可利用手動壓

325

拉其伸縮連接管以達成伸縮作用
者。

10.如申請專利範圍第1項所述之伸縮
折合行李箱式腳踏車，其中車外殼
設計部分，也可用在一般傳統型(非
折疊式)腳踏車車架的後半部，其腳
踏車外殼除了可增加美觀與多元變
化性外，也可以增加一般傳統型腳
踏車的安全性，以避免腳部遭受傳
動齒盤及轉輪碾傷者。

圖式簡單說明：

　　第一圖係習知一種折疊式腳踏車
構造示意圖。

　　第二圖係本創作之伸縮折合行李
箱式腳踏車的外觀立體組合圖。

　　第三圖係本創作之伸縮折合行李
箱式腳踏車全部收納於車外殼內部之
示意圖。

5.　　第四圖係本創作之二支伸縮連接
管細部構造示意圖。

　　第五圖係本創作之曲柄改良結構
示意圖。

　　第六圖係本創作之車外殼用在一
般傳統型腳踏車示意圖。

10.　　第七圖係本創作之一種伸縮折合
行李箱式腳踏車的快速簡易縮短長度
示意圖。

　　第八圖係本創作之車外殼後下方
兩側各裝置一小輪及把手作拖行走路
15.示意圖。

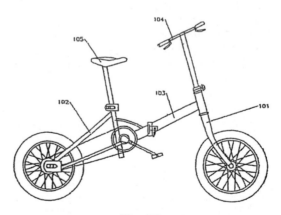

第一圖

326

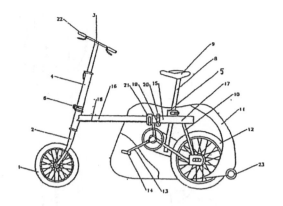

第二圖

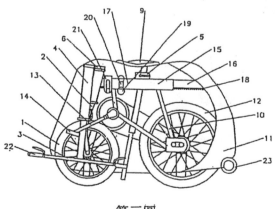

第三圖

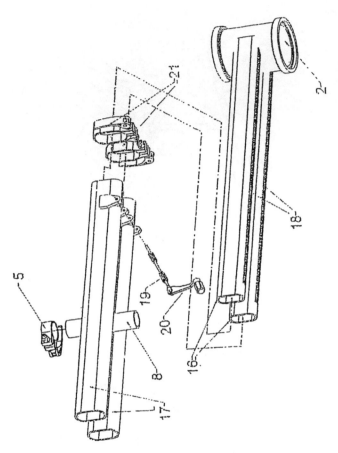

第四圖

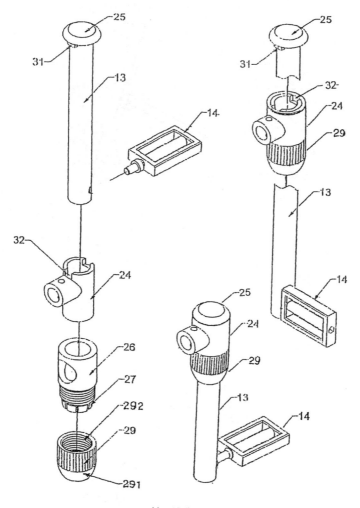

第五圖

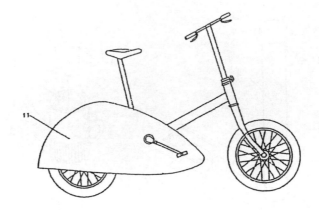

第六圖

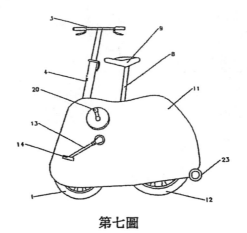

第七圖

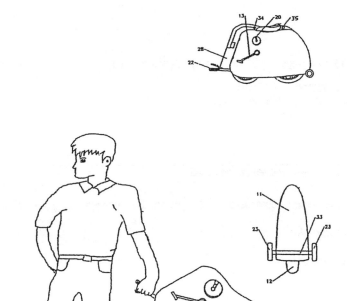

第八圖

【19】中華民國　　　　　　【12】專利公報　（U）

【11】證書號數： M274306
【45】公告日： 中華民國 94 (2005) 年 09 月 01 日
【51】Int. Cl.⁷： B62K15/00

新型　　　全 7 頁

【54】名　稱： 伸縮腳踏車之伸縮裝置

【21】申請案號： 093219850　　【22】申請日期： 中華民國 93 (2004) 年 12 月 09 日

【72】創 作 人：

【71】申請人：

【74】代理人：

[57]申請專利範圍：

1.一種伸縮腳踏車之伸縮裝置，是橫設在腳踏車前叉架與後叉架之間的伸縮裝置，其包括：

一移動架，前端與腳踏車之前叉架固定結合，而移動架上具有長槽，長槽兩側壁設置平行滑軌；

一枕塊，設置在移動架的長槽內，且枕塊並與腳踏車之後叉架固定結合，枕塊的兩側壁為滑槽以與上述二滑軌啣合；

一夾合機構，包含有夾塊及固定用的扣桿，該扣桿穿過枕塊的固定孔後再與位在枕塊下的夾塊結合，而夾塊兩側為滑槽能與上述滑軌啣合。

2.如申請專利範圍第1項所述的伸縮腳踏車之伸縮裝置，其中，移動架的兩側設置兩平行橫向穿孔以供滑軌穿入，並以固定件由枕塊底面穿入後再穿入滑軌內固定。

3.如申請專利範圍第1項所述的伸縮腳
踏車之伸縮裝置，其中，枕塊底下
與夾塊配合處設置缺槽，以與夾塊
容合。

4.如申請專利範圍第1項所述的伸縮腳
踏車之伸縮裝置，其中，在移動架
的側下方設置小穿管以供後剎車線
穿入。

5.如申請專利範圍第1項所述的伸縮腳
踏車之伸縮裝置，其中，移動架的
長槽後壁更設置軟墊。

6.如申請專利範圍第1項所述的伸縮腳
踏車之伸縮裝置，其中，枕塊的前
壁更設置軟墊。

7.如申請專利範圍第1項所述的伸縮腳
踏車之伸縮裝置，其中，後叉架更
以一支撐架固接在枕塊的前下方，

而支撐架與後叉架底下是一體共構
結合。

圖式簡單說明：

　圖1：本創作伸縮裝置使用於腳
踏車上的立體圖。

　圖2：本創作伸縮裝置的立體分
解圖，圖中更進一步揭示前、後叉架
構造。

　圖3：本創作伸縮裝置的立體組
合圖，圖中更進一步揭示前、後叉架
構造。

　圖4：本創作伸縮裝置已固定橫
架的斷面示意圖。

　圖5：本創作伸縮裝置尚未固定
橫架的斷面示意圖。

　圖6：本創作使腳踏車之前、後
叉架伸縮移動的示意圖。

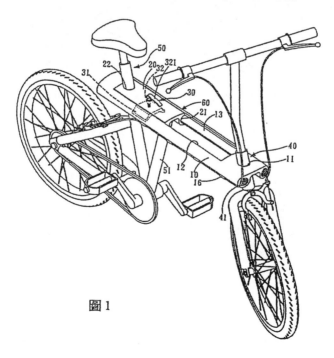

圖1

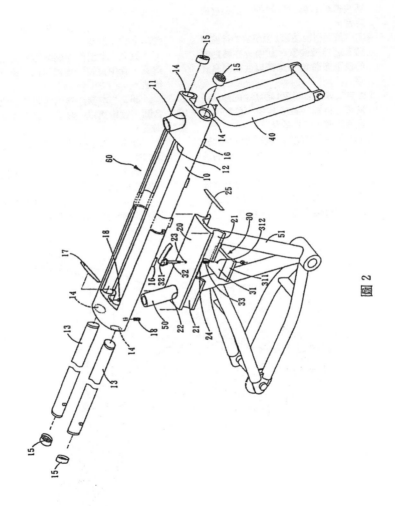

圖 2

334

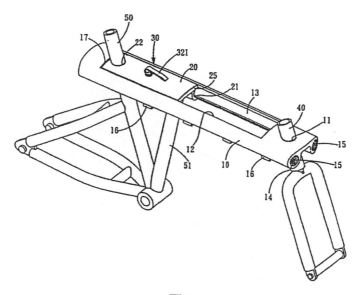

圖 3

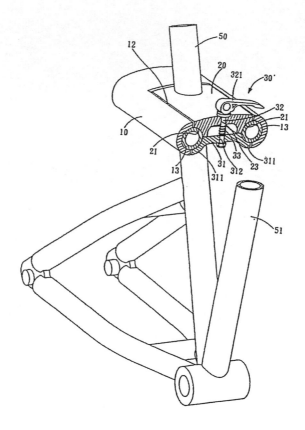

圖 4

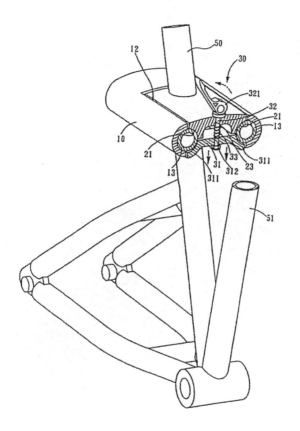

圖 5

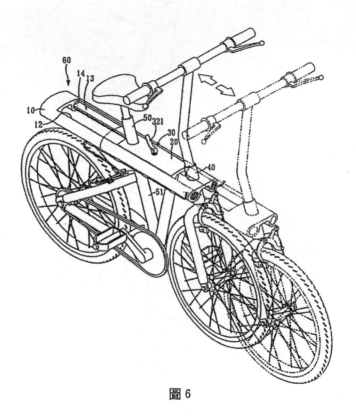

圖 6

【19】中華民國　　　　　【12】專利公報　(B)

【11】證書號數：I291425

【45】公告日：中華民國96(2007) 年 12 月 21 日

【51】Int. Cl.：　　*B62K15/00 (2006.01)*

發明　　　全 10 頁

【54】名稱：　可伸縮及收折及分解之車體結構

　　　　　RETRACTABLE, FOLDABLE AND DISASSEMBLE STRUCTURE FOR A BICYCLE FRAME

【21】申請案號：094141982　　　　　　　【22】申請日：中華民國94(2005)年11月30日

【11】公開編號：200720137　　　　　　　【43】公開日：中華民國96(2007)年6月1日

【72】發明人：

【71】申請人：

【74】代理人：

1

[57]申請專利範圍：

1. 一種可伸縮及收折及分解之車體結
構，包括：
　一第一車架與一第二車架，二該車
架分屬不同的獨立主體，且該第二
車架對應在該第一車架一端；
　一樞接及轉折機構，係包括一穿軸
及一夾固裝置，其中該穿軸組設在
對應的該第一車架與該第二車架
間，該夾固裝置設在該穿軸與該第
一車架的接設位置，且於該夾固裝

2

置閉鎖時使該穿軸定位；
　一連接機構，係包括一環件及一夾
固裝置的組合，其中該環件組設在
該第一車架上且藉該夾固裝置的閉
鎖作用而定位，此外該第二車架與
該環件接設結合。

2. 如申請專利範圍第1項所述之可伸縮
及收折及分解之車體結構，其中該
樞接及轉折機構更設有一第一管座
及一第二管座，該第一管座設於該

5.

10.

339

第一車架，該第二管座設於該第二車架，該第一管座及該第二管座相對且該穿軸穿過。

3. 如申請專利範圍第1項所述之可伸縮及收折及分解之車體結構，其中該連接機構更設有一接桿，且該接桿固設於該環件表面，又該第二車架設有二勾部以勾設在該接桿上。

4. 如申請專利範圍第1項所述之可伸縮及收折及分解之車體結構，其中該第一車架更設有一橫桿，且該連接機構之該環件套設在該橫桿。

5. 如申請專利範圍第1項所述之可伸縮及收折及分解之車體結構，其中該第一車架配設一轉向裝置，且一輪子組設在該轉向裝置的底部。

6. 如申請專利範圍第1項所述之可伸縮及收折及分解之車體結構，其中該第二車架配設一輪架，且一輪子組設在該輪架底部。

7. 如申請專利範圍第6項所述之可伸縮及收折及分解之車體結構，其中該第二車架配設一驅動裝置以驅動該輪子。

8. 如申請專利範圍第7項所述之可伸縮及收折及分解之車體結構，其中該

驅動裝置包括一第一齒輪與一第二齒輪，該二齒輪分離且以一鏈條連接，又包括一曲桿及二踏板，該曲桿穿過該第一齒輪且每一端皆供一該踏板組設，此外該第二齒輪能連動該輪子。

9. 如申請專利範圍第1項所述之可伸縮及收折及分解之車體結構，其中該樞接及轉折機構中的該夾固裝置，以及該連接機構中的該夾固裝置，保皆為一快拆裝置。

圖式簡單說明：

第1圖係本發明外觀圖。

第2圖係本發明分解圖。

第3A圖係本發明之二車架作位移相對運動之示意圖一。

第3B圖係本發明之二車架作位移相對運動之示意圖二。

第3C圖係本發明之二車架作位移相對運動之示意圖三。

第4A圖係本發明之二車架作轉折相對運動之示意圖一。

第4B圖係本發明之二車架作轉折相對運動之示意圖二。

第4C圖係本發明之二車架作轉折相對運動之示意圖三。

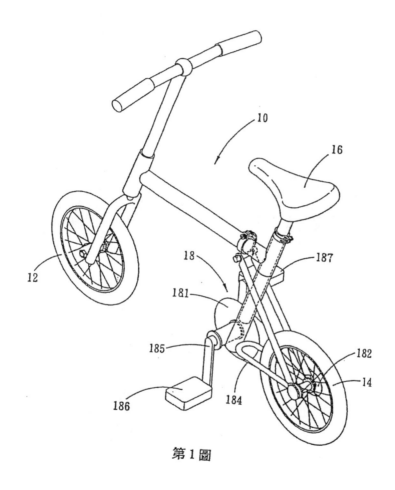

第 1 圖

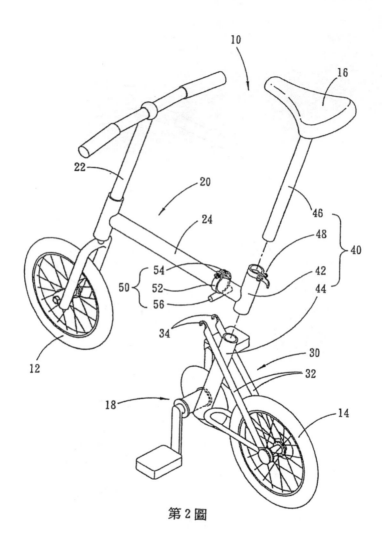

第 2 圖

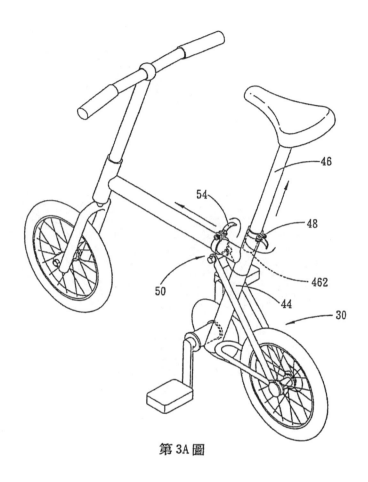

第 3A 圖

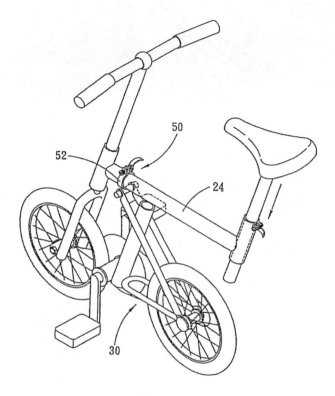

第 3B 圖

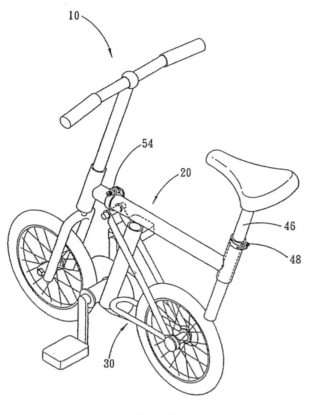

第 3C 圖

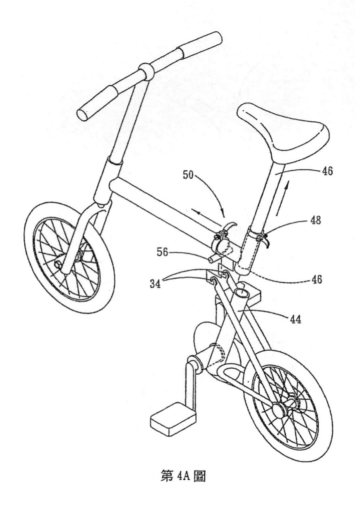

第 4A 圖

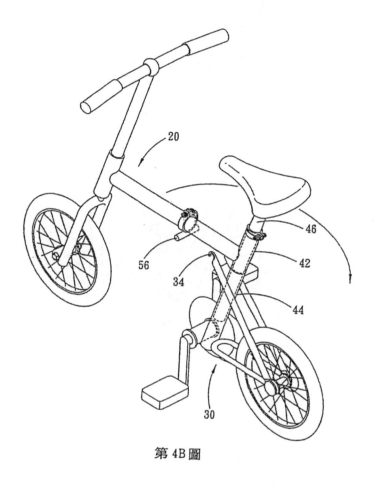

第 4B 圖

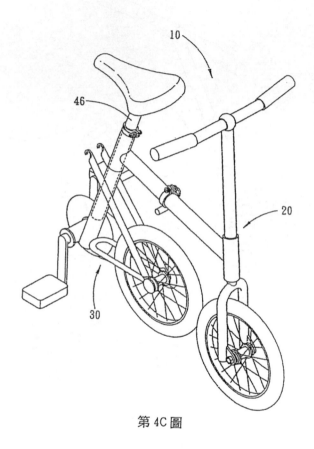

第 4C 圖

【19】中華民國　　　　　【12】專利公報　(U)

【11】證書號數：M351181

【45】公告日：中華民國98(2009) 年 2 月 21 日

【51】Int. Cl.：　　　　*B62K19/00 (2006.01)*

新型　　　全 6 頁

【54】名稱：　伸縮休閒自行車之結構

【21】申請案號：097206910　　　　　【22】申請日：中華民國97(2008)年4月23日

【72】創作人：

【71】申請人：

【74】代理人：

1

[57]申請專利範圍：

1.一種伸縮休閒自行車之結構，係設有車架，其前端透過前叉、前管安設有前輪，後端透過後輪軸安設有後輪；踩踏裝置，係安設在車架鄰前端供踩踏用，包含有主軸組件、曲柄、踏板；座墊，係安設在車架鄰後端供乘座用；轉向裝置，係設有把手供操控車體行進方向；傳動裝置，係設有安設在踩踏裝置之主軸組件處的大齒盤、安設在後輪軸的

2

被動齒盤、及安設在車架的導引輪、以及環設在大齒盤、被動齒盤、導引輪的驅動鏈條等傳動組件，可將踩踏力傳輸至後輪軸帶動後輪轉動；其特徵為：

該車架係設有相互套設結合前架桿和後架桿，該前、後架桿係可相互伸縮調整並透過鎖固元件定位；

該傳動裝置係設有一供驅動鏈條環設，並可沿著車架縱長方向位移的

5.

10.

3

調節輪，該調節輪且受一彈性元件
作動致驅動鏈條隨時呈彈性撐緊狀
態；
　利用上述，乃可完成一種伸縮休閒
自行車之結構。

2.依據申請專利範圍第1項所述之伸縮
休閒自行車之結構，其中，該轉向
裝置係安設在車架約中段位置，其
設有一轉體供把手安置，該轉體係
呈自行轉動狀樞設在車架，其一側
設有一延伸臂，並於延伸臂外端以
自由轉動狀樞設有一樞接套。

3.依據申請專利範圍第1項所述之伸縮
休閒自行車之結構，其中，該前叉
與轉向裝置之間係樞設有一驅動
桿。

4.依據申請專利範圍第3項所述之伸縮
休閒自行車之結構，其中，該驅動
桿的一端係以自由轉動狀樞設於前
叉，另端係穿套於轉向裝置的樞接
套並為鎖件固設定位。

5.依據申請專利範圍第1項所述之伸縮
休閒自行車之結構，其中，該車架
係設有一縱長滑道供傳動裝置的調
節輪滑移。

4

6.依據申請專利範圍第1或5項所述之
伸縮休閒自行車之結構，其中，該
傳動裝置係設有一滑動體供調節輪
安置，該滑動體且係滑設於車架之
縱長滑道，及係受彈性元件作動致
調節輪彈性撐緊著驅動鏈條。

圖式簡單說明：
　第一圖係本創作實施例之立體示
意圖。
　第二圖係第一圖之前視示意圖。
　第三圖係本創作車架、前叉、轉
向裝置暨驅動桿相互組裝實施例之立
體示意圖。
　第四圖係本創作車架、轉向裝置
及驅動桿相互組裝實施例之斷面示意
圖。
　第五圖係本創作前叉及驅動桿相
互組裝實施例之斷面示意圖。
　第六圖係本創作傳動裝置之調節
輪安置實施例之立體示意圖。
　第七圖係本創作車架縮短運作實
施例之前視示意圖。
　第八圖係本創作車架伸長運作實
施例之前視示意圖。

5.

10.

15.

20.

25.

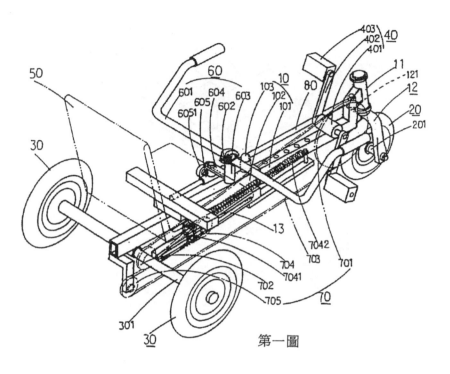

第一圖

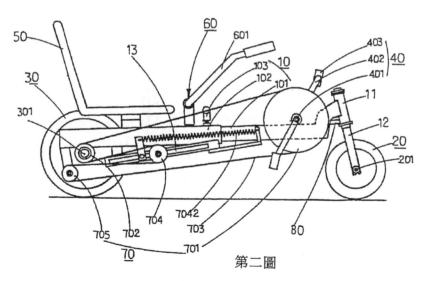

第二圖

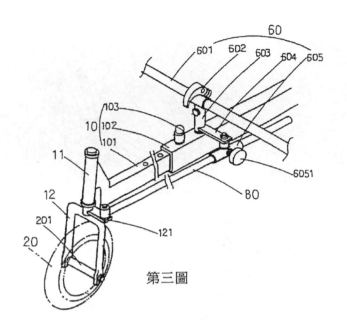

第三圖

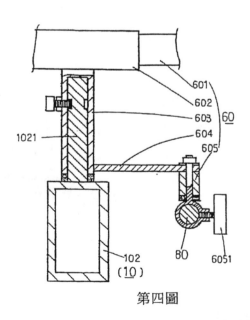

第四圖

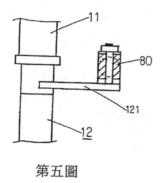

第五圖

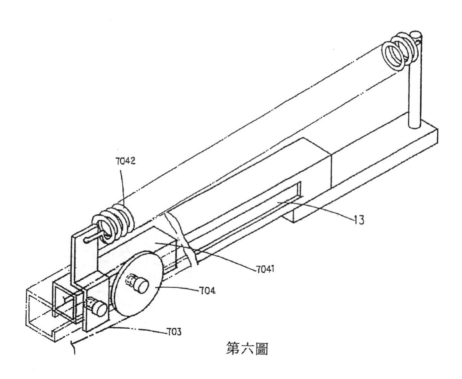

第六圖

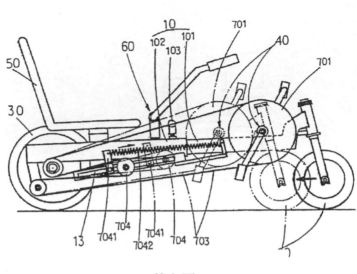

第七圖

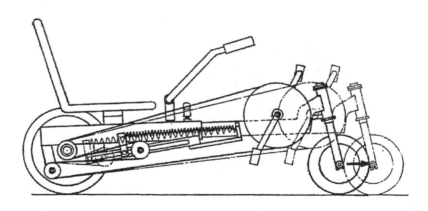

第八圖

【19】中華民國　　　　　　【12】專利公報　　（U）

【11】證書號數：M408533
【45】公告日：中華民國 100 (2011) 年 08 月 01 日
【51】Int. Cl.：　　　　　*B62K15/00*　(2006.01)

新型　　　　全 5 頁

【54】名　　稱：伸縮式腳踏車
【21】申請案號：099224567　　　【22】申請日：中華民國 99 (2010) 年 12 月 17 日
【72】創作人：
【71】申請人：

[57]申請專利範圍

1. 一種伸縮式腳踏車，其包含有：一車架，該車架之前段係具有一橫桿，藉由該橫桿可縮短該車架整體前後長度，且該車架上裝設有一座墊；一車頭部，係裝設於該車架之前端，進一步包含有一操作桿、一連接桿及二支桿，其中：該操作桿，係縱向框設於該橫桿前端，且其上端設有一把手；該連接桿，係橫向連接於該操作桿下端；該等支桿，其中一端係分別連接於該連接桿之兩端，而其另一端則向下延伸一預定之長度；一前輪組，係包含有二前輪，且分別框設於該等支桿之底端，並藉由該連接桿與該操作桿形成連動；一後輪組，至少包含有一後輪，且係框設於該車架之後端；一驅動裝置，係裝設於該車架上，可帶動該後輪組轉動。

2. 依據申請專利範圍第 1 項所述之一種伸縮式腳踏車，其中，該橫桿可為係為一第一內管及一第一外管相接之兩段式連接桿體，而該第一外管上裝設有一第一卡榫裝置。

3. 依據申請專利範圍第 1 項所述之一種伸縮式腳踏車，其中，該連接桿係為一可伸縮之桿體，而其中間段係為一第二外管，其兩側係為二第二內管，因此該等第二內管可朝向該第二外管伸縮平移，並在該第二外管兩端設有二第二卡榫裝置。

4. 依據申請專利範圍第 1 項所述之一種伸縮式腳踏車，其中，該車架前、後方可裝設一置物架。

5. 依據申請專利範圍第 1 項所述之一種伸縮式腳踏車，其中，該驅動裝置係包含有一前齒盤、一後齒盤、一傳動鍊條及一踏板組，而該踏板組係框設於該前齒盤之軸心上，而該傳動鍊條係繞設於該前齒盤與該後齒盤之上，藉由該踏板組之作動去帶動該驅動裝置。

6. 依據申請專利範圍第 1 項所述之一種伸縮式腳踏車，其中，該車頭部上可安裝一快拆裝置，使該車頭部與該車架可進行拆卸分離，使該車架可連結一載具。

圖式簡單說明

第一圖係為本創作較佳實施例之立體圖。

第二圖係為本創作較佳實施例之縮小後之示意圖。

第三圖係為本創作較佳實施例之應用示意圖。

第四圖係為本創作較佳實施例之另一應用示意圖。

第五圖係為本創作另一較佳實施例之立體圖。

第六圖係為本創作另一較佳實施例之縮小後之示意圖。

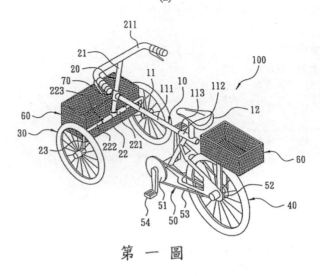

第 一 圖

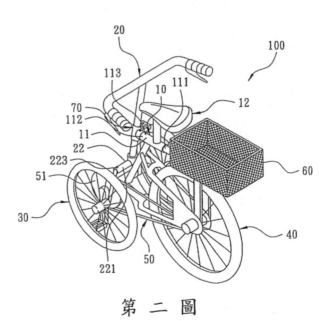

第 二 圖

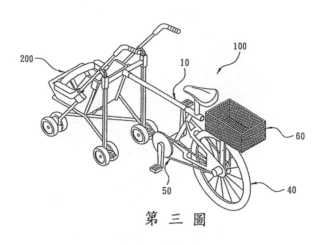

第 三 圖

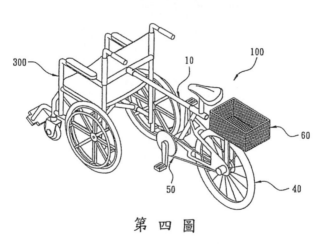

第 四 圖

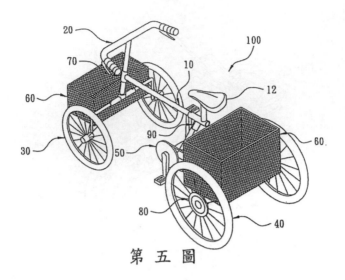

第 五 圖

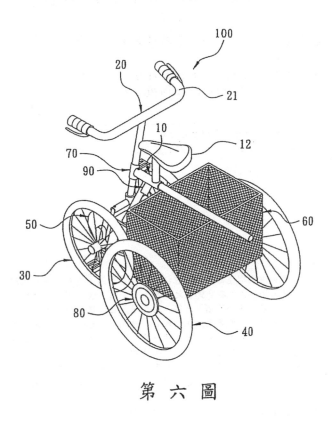

第 六 圖

【19】中華民國　　　　　【12】專利公報　（U）

【11】證書號數：M413636
【45】公告日：中華民國 100 (2011) 年 10 月 11 日
【51】Int. Cl.：　　　　　*B62K15/00* （2006.01）

　　　　　　　　　　　　　　　　　　　新型　　　全 4 頁

【54】名　　稱：兩段式可伸縮與摺疊自行車
【21】申請案號：100205762　　　　【22】申請日：中華民國 100 (2011) 年 03 月 31 日
【72】創作人：

【71】申請人：

【74】代理人：

[57]申請專利範圍

1.　一種兩段式可伸縮與摺疊自行車，包括有：一前車架，其係設有一內桿，該內桿上係設
　　有一容槽，該容槽內設入有一彈性元件及一卡掣塊，該卡掣塊係被限位於該容槽內，又
　　該前車架設有一第一結合單元，該第一結合單元係框接一把手架，該把手架上設有一第
　　一快拆單元，該第一快拆單元內係設入有一伸縮移動之龍頭；一後車架，其係與該前車
　　架結合固定，該後車架係設有一第二結合單元，該第二結合單元係框接一外管，上述內
　　桿係伸入於該外管內，又該外管之外緣係分別開設有一第一卡掣孔及第二卡掣孔，該第
　　一卡掣孔及第二卡掣孔之外側係分別對應設有一第一撥片及第二撥片，而該外管係設有
　　一第二快拆單元，另該後車架設有一第三快拆單元，該第三快拆單元內係設入有一伸縮
　　移動之座墊。

2.　如申請專利範圍第 1 項所述兩段式可伸縮與摺疊自行車，其中，該前車架係框接有一前
　　輪，該後車架則框接有一後輪。

圖式簡單說明

　　第一圖係為本創作之立體外觀圖。
　　第二圖係為本創作之內桿及外管之組合剖視圖。
　　第三圖係為本創作進行調整之使用示意圖。
　　第四圖係為本創作卡掣塊卡掣於該外管之第一卡掣孔內之示意圖。
　　第五圖係為本創作前車架及後車架相對彎摺之示意圖。

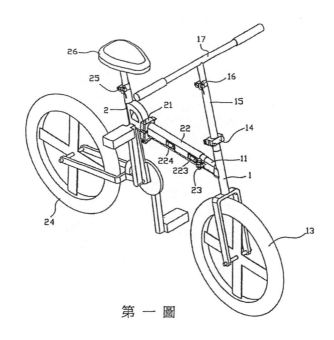

第 一 圖

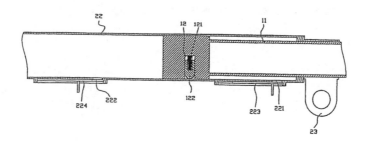

第 二 圖

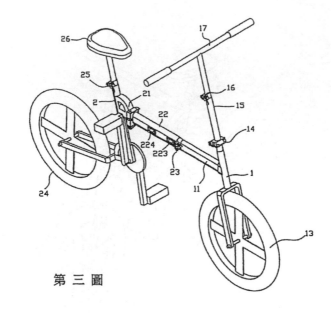

第 三 圖

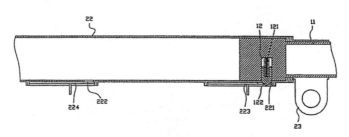

第 四 圖

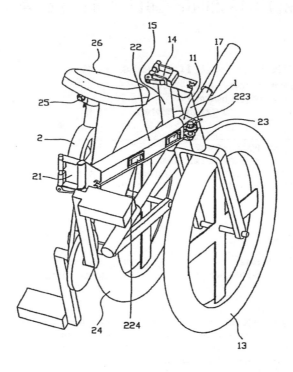

第 五 圖

【19】中華民國 　　　　　　　【12】專利公報　　（B）

【11】證書號數：I352040

【45】公告日：中華民國 100 (2011) 年 11 月 11 日

【51】Int. Cl.：　　　　　*B62K15/00*　(2006.01)

　　　　　　　　　　　　　　　　　　　　　　　發明　　　　全 12 頁

【54】名　　稱：伸縮自行車結構
　　　　　　　ADJUSTABLE BICYCLE

【21】申請案號：097140682　　　　【22】申請日：中華民國 97 (2008) 年 10 月 23 日

【11】公開編號：201016533　　　　【43】公開日期：中華民國 99 (2010) 年 05 月 01 日

【72】發明人：

【71】申請人：

【74】代理人：

【56】參考文獻：
　　　TW　M274346　　　　　　　TW　M299688
　　　JP　2002-308174A　　　　　JP　2004-142718A

[57]申請專利範圍

1. 一種伸縮自行車結構，其包含有：一前叉，其具有一容置部，該容置部具有一貫孔，且容置部上、下端分別組配有一手把與一前輪，該手把可控制前輪的轉向；一柜擺件，其具有一穿伸空間；一上管，其具有一管身段與一後端部，該管身段係可活動地插設在該柜擺件的穿伸空間，該後端部組配有一座墊、一後輪以及一驅動裝置，該驅動裝置可帶動後輪轉動；一定位單元，其係可活動地組設於該柜擺件，且對應該上管的管身段，而能定位該上管調動後的位置；其特徵在於，該柜擺件係可擺動地柜接在該前叉的貫孔，且更包含二柜轉，各柜轉係由呈相對柜轉的柜轉外部與柜轉內部所構成，其中該二柜轉外部係分別嵌設於該柜擺件上、下端，另於前叉的容置部上、下端分別組設有一連接件，該連接件一端係嵌設於相對應培林的柜轉內部。

2. 依據申請專利範圍第 1 項所述之伸縮自行車結構，其中該連接件具有一頭部以及外徑小於頭部之身部，該頭部係位於該前叉的容置部，而身部係插置於該培林的柜轉內部。

3. 依據申請專利範圍第 1 或 2 項所述之伸縮自行車結構，其中該上管管身段具有複數個定位孔，該定位單元具有一定位部，該定位部得以穿伸至該柜擺件的穿伸空間以及管身段的定位孔。

4. 依據申請專利範圍第 3 項所述之伸縮自行車結構，其中該定位單元具有一握持部，該握持部外徑係大於該定位部，該握持部係位於該柜擺件外側，且定位部係可活動地螺設於該柜擺件。

5. 依據申請專利範圍第 3 項所述之伸縮自行車結構，其中該定位單元具有一外罩以及一定位件，該外罩具有一活動空間且固設於該柜擺件，該定位件具有一定位部，該定位件係可復位的組設於該活動空間，且定位部得以外伸或內縮該外罩。

6. 依據申請專利範圍第 5 項所述之伸縮自行車結構，其中該定位件藉由一彈性元件而可復位的組配於該活動空間。

7. 依據申請專利範圍第 6 項所述之伸縮自行車結構，其中該定位件更包含有一肩部，該肩部供該彈性元件一端抵頂，該彈性元件另端則抵頂於該外罩內部。

8. 依據申請專利範圍第7項所述之伸縮自行車結構,其中該定位件組配有一拉環,該拉環係位於該外罩之外。

圖式簡單說明

第1圖　係習知自行車立體圖,顯示車身可伸縮的自行車。

第2圖　係本發明第一實施例的立體分解圖。

第3圖　係本發明第一實施例的立體組合圖。

第4圖　係本發明第一實施例的縱向剖面圖。

第4A圖　係第4圖之局部放大圖。

第5圖　係本發明第一實施例另一角度的局部縱向剖面圖。

第6圖　係本發明第一實施例調整動作圖(一),顯示該定位單元脫離上管的狀態。

第7圖　係本發明第一實施例調整動作圖(二),顯示該上管與框擺件之間做相對應移動的狀態。

第8圖　係本發明第一實施例調整動作圖(三),顯示該上管與框擺件調動後相互定位的狀態。

第9圖　係本發明第一實施例調整動作圖(四),顯示該上管與框擺件調動後的整體外觀。

第10圖　本發明第二實施例的立體組合圖。

第11圖　本發明第二實施例的局部縱向剖面圖。

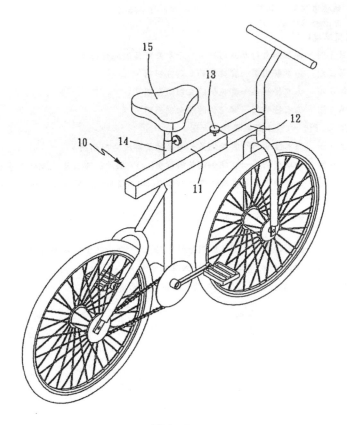

第1圖

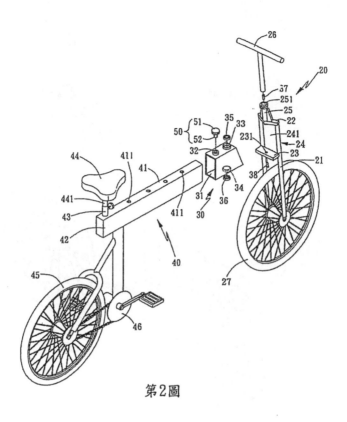

第2圖

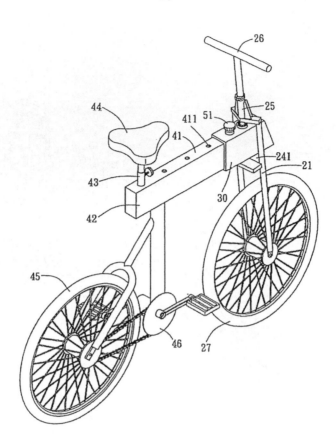

第3圖

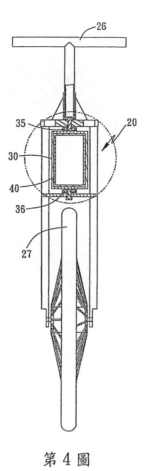

第４圖

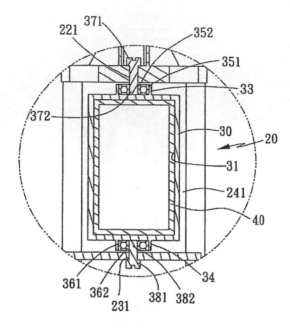

第4A圖

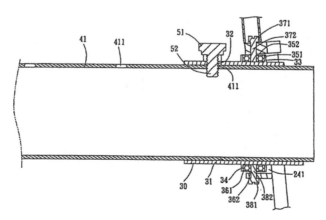

第5圖

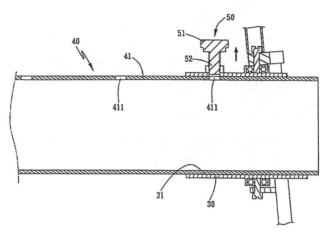

第6圖

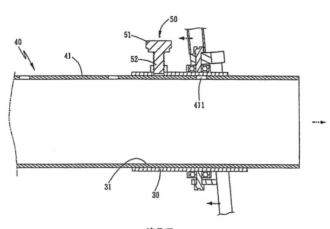

第7圖

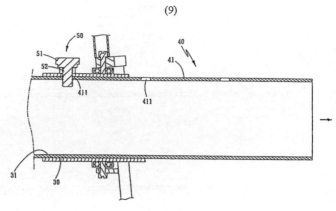

第8圖

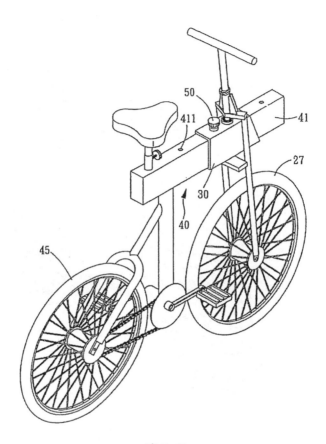

第9圖

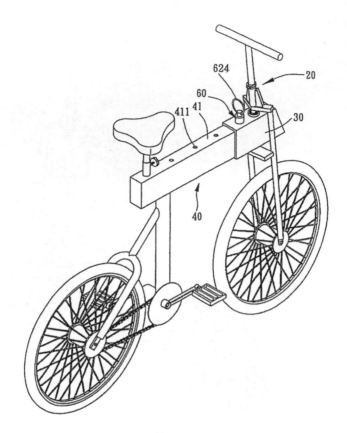

第10圖

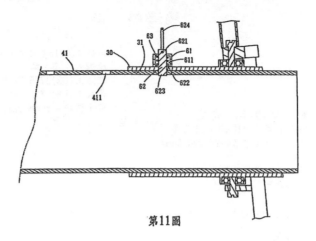

第11圖

檔　　號：
保存年限：

經濟部　函

地址：10015臺北市中正區福州街15號
承辦人：周東諭
電話：(02)2775-7639
傳真：(02)2775-7728
電子信箱：tychou@moeaboe.gov.tw

受文者：夏鑽禧　先生
發文日期：中華民國102年12月27日
發文字號：經授能字第10200270760號
速別：普通件
密等及解密條件或保密期限：普通
附件：如說明三

主旨：台端所陳開發「海洋綠能特區」等建議一案，復如說明，請
　　　查照。

說明：

一、依據行政院秘書長102年12月11日院臺經字第1020076172號函
　　轉總統府102年12月6日華總公三字第10200223340號函辦理。

二、關於　台端所提有關海洋綠能特區建言，說明如下：

　（一）自日本福島核災後，政府為提高能源供應之穩定及安全，並
　　　　提高自主能源占比，已重新檢視能源政策。總統前於100年底
　　　　「能源政策」記者會中宣布全力推廣再生能源，本部配合擴
　　　　大推廣再生能源之政策，規劃風力及太陽光電等重點推動計
　　　　畫，業經行政院於101年2月核定「千架海陸風力機」及「陽
　　　　光屋頂百萬座」2項計畫據以推動，作為達成再生能源擴大推
　　　　廣主要策略，並輔以推動其他再生能源如水力、生質能及地
　　　　熱發電等，同時致力技術研發、降低成本及提高設置誘因，
　　　　預計至119年，我國再生能源累計發電裝置容量將達12,502
　　　　MW。

　（二）在推動風力發電方面，至102年10月底國內於桃園至雲林沿海
　　　　一帶、澎湖外島等處已完成設置運轉之風力機組達311部，考
　　　　量目前陸域風力發電優良風場趨於飽和，後續將逐步轉往離
　　　　岸發展，因此本部積極推動「千架海陸風力機」計畫，以「

先開發陸域風場、再擴展離岸海域風場」為推動原則；另為加速海上風力發電開發，並於101年公告實施「風力發電離岸系統示範獎勵辦法」，且於102年1月9日正式公布評選結果，由獲選廠商業者進行離岸示範風場開發，後續更將透過區塊開發模式進行，推動大規模深海風場開發，以逐步達到119年累計裝置容量3,000MW之推動目標，設置量達600架以上海上風力機，連同陸上風機400架風機，總裝置容量將達4,200MW，屆時風力發電將可望成為國內最主要再生能源之一。

(三)在推動太陽光電方面，本部能源局前已針對太陽能發電系統設置訂定多項獎勵措施，包括陽光校園、陽光社區、陽光電城、陽光經典建築、偏遠離島緊急防災系統等，至102年10月底已推廣設置324.6MW。為擴大太陽光電之推廣應用，本部加速推動「陽光屋頂百萬座」計畫，其策略為「逐步擴大；先屋頂後地面」，於成本較高之前期階段，以推動建築物應用為主，以達家戶普及設置之目標，俟後期發電成本具競爭力後，再推廣於土地利用，並以受污染農地等為考量優先許可之設置區域。此外，亦協助地方政府推動公有屋頂設置太陽光電系統，活化閒置空間。

(四)有關　台端所提「開發台東及屏東外海的太陽能」一節：

　1、台端提到日本計劃在海平面上設置懸浮式風力發電機組，其目的係利用離岸之風能，與目前推動之離岸風力相符，然海上設置風力機與太陽光電在技術上與設置方式仍有很大差異，以風力機露出海平面面積而言，設置1台3.6MW的風力機面積約為400平方公尺，與同裝置容量之太陽光電比較(以地面型計算1kW需要15平方公尺之面積)，所需面積達到54,000平方公尺。若考量太陽光電系統大面積覆蓋於海面上，將會大幅減少太陽照射於海面下之光度，嚴重影響原本海洋生物的生存需求，可能會危及臺灣沿岸海洋生態。

2、海上設置太陽光電系統需考量海水可能造成太陽光電系統壽命縮短之問題，如：模組邊框及支撐架生鏽、線路老化造成漏電危害海中生物及航行船隻人員安全；同時海水易拍打太陽光電模組，導致海洋微生物附著或海水結晶物析出，在模組上產生遮蔽物，使得發電效率大幅受到影響等問題，除了備有海洋懸浮式結構技術，未來海洋式太陽光電模組長期可靠度仍待突破。

3、台端建議於海上設置太陽光電系統除需考量漁業權、環境生態、船舶安全、電力輸出、現行太陽光電系統技術與壽命等問題外，後續維運亦是一大挑戰，如欲進行開發，實需審慎評估。

(五)此外，本部能源局為加速國內太陽光電設置推展，前已成立「陽光屋頂百萬座計畫」與「千架海陸風力機計畫」推動辦公室，以有效協助太陽光電系統與風力之設置建構並提供相關諮詢等服務（陽光屋頂辦公室聯絡電話：02-8772-8861，網址： http://mrpv.org.tw；千架海陸風力機辦公室：02-8772-3415，網址：http://www.twtpo.org.tw/），併提供台端參考。

三、台端對我國能源事務發展之熱忱，本部至表敬佩。如尚有其他建言，請電洽承辦人周東諭先生（電話：02-2775-7639）。另檢附人民陳情案件處理情形調查表1份，請惠予填寫回復。

正本：夏鑽褀　先生
副本：總統府公共事務室、行政院經濟能源農業處、經濟部秘書室(10202807000)、經濟部能源局(綜合企劃組)

部長　張家祝

筆者對經濟部回函的看法

海洋綠能特區是唯一能夠滿足全台灣能源需求的天然資源，經濟部應該做的事，是如何能夠把太陽能這種台灣南端特有的資源，完全開發出來，以達成馬總統指示的能源工程取代資訊工業目標；克服萬難的使命感是必需的工作態度。

查全國能源會議已召開多次，從來沒有一次是討論台灣能源如何做到自給自足；風力發電及深層地熱變成了採購作業，所得電能太少，自有技術偏低，唯一的作用大概是增加 9.0 強震下的損失總額。台灣海峽最窄處約 80 公里，比起丹麥的地理位置，風能資源差遠矣！而且國際航道糾紛頻繁，根本不是理想的裝機位置；德國的風機離人民居住位置，至少 1500 公尺；苗栗苑里已是民怨沸騰。政府的責任，在於保護所有人民生命財產的安全，也包括聽力。

行政院的經濟策略，到今天仍然是提供便宜的水電，

以及低廉工資（例如，鮭魚回流可以增加外勞比例）。在這樣的基礎下，當然不能沒有核電；因為核電可以不必計較核廢料成本，隨便放放再說！以後萬一出了大災，也不關臨時工的事！行政院這種沒有使命感的執政心態，完全不理會馬總統的能源工程策略要求，有一點像吸毒（核電）成癮，最後結局大有可能是傾家蕩產，台灣經濟倒退五十年，人民得靠輸出勞力維生！

經濟部回函第二之(四)項的問題：

1. 生態部份，請查閱本書第 46 頁，第 1 圖(B)，相鄰基本浮體之間，除了連接座位置外，仍有陽光穿透到海面。

2. 技術部份，國內外專家學者，多有研究；海洋微生物，東京農工大學素有心得。

3. 這些問題，才是行政院應成立跨部會之「海洋綠能特區計劃推動辦公室」的必要理由。傾國之力，突破萬難，則台灣能源工程，前景可期！

國家圖書館出版品預行編目資料

創新發明突破悶經濟 / 夏鑽禧編著. — 初版. —
臺北市 : 夏鑽禧出版 ; 新北市 : 全華圖書發
行, 2014.02
　　面 ; 公分
ISBN 978-957-43-1120-0(平裝)

1.發明 2.創意 3.能源經濟

440.6　　　　　　　　　　　　　102027584

創新發明突破悶經濟

編　著　者／夏鑽禧
E - m a i l ／ralphshiah@shaw.ca
出　版　者／夏鑽禧
總　經　銷／全華圖書股份有限公司
地　　　址／台北縣土城市忠義路21號
電　　　話／(02)2262-5666　訂購書號：10422
傳　　　真／(02)66373696
網　　　址／www.opentech.com.tw
郵政帳號／01008361-1號
印　　　刷／彩盛印刷有限公司
地　　　址／台北市汀州路三段131號1樓
電　　　話／(02)2363-5050
初版日期／2014年2月
定　　　價／每冊新台幣360元整
I S B N ／978-957-43-1120-0